乡村景观设计

黄铮 著

Rural
Landscape
Design

化学工业出版社
·北京·

本书立足于复兴乡村传统文化、保护乡村生活环境、振兴当代乡村经济，在讲解乡村景观营造理论的基础上，阐述了当前乡村营造中出现的问题和应对策略，着重论述乡村景观设计理念、方法和操作流程，并研究分析乡村景观设计的经典案例，以探索符合中国国情的乡村景观设计。

　　本书适用于景观设计、环境设计、城乡规划和旅游规划设计专业的师生及相关行业人员。

图书在版编目（CIP）数据

乡村景观设计/黄铮著．—北京：化学工业出版社，
2018.12（2022.1重印）
　ISBN 978-7-122-33341-4

　Ⅰ．①乡…　Ⅱ．①黄…　Ⅲ．①乡村-景观设计-
研究-中国　Ⅳ．①TU986.2

中国版本图书馆CIP数据核字（2018）第270387号

责任编辑：张　阳　　　　　　　　　　　装帧设计：王晓宇
责任校对：王素芹

出版发行：化学工业出版社（北京市东城区青年湖南街13号　邮政编码100011）
印　　装：涿州市般润文化传播有限公司
710mm×1000mm　1/16　印张8　字数150千字　　2022年1月北京第1版第3次印刷

购书咨询：010-64518888　　　　　　　　售后服务：010-64518899
网　　址：http://www.cip.com.cn
凡购买本书，如有缺损质量问题，本社销售中心负责调换。

定　　价：59.80元

目　录

第**1**章　乡村景观概述

1.1　相关概念 / 002

1.1.1　何为乡村景观 / 002

1.1.2　乡村景观研究进展 / 004

1.1.3　乡村景观的分类 / 011

1.1.4　乡村景观设计遵循的原则 / 019

1.2　乡村景观的构成与特点 / 029

1.2.1　聚落与建筑 / 030

1.2.2　乡村传统文化遗产 / 034

1.2.3　自然田园风光 / 035

第**2**章　乡村景观设计理念

2.1　乡村景观设计的"三环" / 037

2.1.1　视觉意象环 / 037

2.1.2　景观功能环 / 044

2.1.3　意境环　/ 047

2.2　乡村景观的设计原则　/ 048

2.2.1　模式的选择　/ 048

2.2.2　未来乡村景观的发展模式　/ 058

2.3　乡村景观设计经验　/ 062

2.3.1　政策保障的英国乡村　/ 062

2.3.2　城乡等值化发展的德国乡村　/ 063

2.3.3　城乡一体发展的美国乡村　/ 064

2.3.4　集约式发展的荷兰乡村　/ 064

2.3.5　日本特色农业造村　/ 065

2.3.6　韩国新村运动　/ 066

2.3.7　台湾地区的"一村一品"　/ 068

第**3**章　当前国内乡村景观的问题、应对策略及其研究意义

3.1　观念认识落后，亟待全面调整　/ 071

3.1.1　乡村风貌被破坏　/ 071

3.1.2　行政意识主导设计　/ 072

3.2　生态环境破坏严重，有待科学发展　/ 073

3.2.1　生态环境被破坏　/ 073

3.2.2　学习先进的经验　/ 075

3.3　乡村传统文化景观解体，尚需优化设计　/ 076

3.3.1　传统文化景观解体　/ 076

3.3.2　营造精神文化内涵　/ 077

3.4　乡村景观研究的意义　/ 078

3.4.1　契合当代人性化的要求　/ 079

3.4.2　立足乡村生态环境保护　/ 079

3.4.3　以差异化设计突出地域特征　/ 080

3.4.4　作为城市景观设计的参考　/ 081

3.4.5　营造生产与生活一体化的乡村景观　/ 082

第4章　乡村景观与设计方法

4.1　调研与意愿　/ 085

4.1.1　文献资料　/ 085

4.1.2　问卷和访谈　/ 088

4.1.3　访谈　/ 090

4.1.4　测绘　/ 091

4.1.5　整理分析　/ 092

4.2　乡村景观设计方法与步骤　/ 093

4.2.1　模仿与再生　/ 093

4.2.2　保持聚落格局完整　/ 095

4.2.3　乡村景观符号提取　/ 100

4.2.4　表现景观肌理　/ 104

4.2.5　乡村植物景观设计　/ 111

4.2.6　发展乡村文创　/ 113

4.2.7　以村民参与为主体　/ 114

4.3　乡村旅游开发与景观设计　/ 114

4.3.1　旅游资源调查与评价　/ 115

4.3.2　主题设计　/ 115

4.3.3　期望景观　/ 117

4.3.4　差异化定位　/ 117

4.3.5　情节互动体验　/ 118

4.3.6　夜间旅游　/ 120

后记

参考文献

第 **1** 章

乡村景观概述

1.1　相关概念

1.1.1　何为乡村景观

人类自诞生以来，不断处理着与自然之间的关系，在人与自然的不断冲突和磨合过程中，伴随着地理、文化、民族的不同逐渐形成各具特色的自然景观和文化景观。乡村景观就是人与自然关系的最初原型。"乡村"的英文是Rural，《现代汉语词典》中解释是，"主要从事农业、人口分布较城镇分散的地方"，包括农业生产环境、自然环境和生活居住的环境。较为相似的"农村"（Countryside）体现的是生产行业上的划分，不同于"农村"一词，乡村带有一定的行政划分意义。

我国当前乡村的类型分为行政村和自然村，属于行政划分范畴。行政村是指行政建制上的村庄，侧重在管辖范围和职能。行政村的村庄体系有中心村和基层村两种，中心村具备一定的服务功能，配建多种公共服务设施，规模比基层村要大。自然村是零散集聚而成的村落，多集中在偏远的区域。乡村不仅仅是一个地域或学术的概念，也是人们心中向往的理想家园。乡村景观的内涵丰富，是自然环境和人文传统结合的统一体（图1-1-1）。

"景观"的英文是Landscape，英文字面上解释为土地（Land）上的风景或景物（Scape），从广义角度看，景观是一切肉眼看到自然和人造的总和。19世纪初，近代地理学创始人洪堡德（Alexander von Humboldt）将景观一词从绘画术语中引入了地理学研究，并从此形成了作为"自然地理综合体"代名词的景观涵义。目前景观研究主要分为景观地理学、景观生态学和景观学三个学科。

从地理学角度看，景观研究重点在于自然环境的形成与发展，研究地质条件产生的条件和未来发展的可能性。国内学者肖笃宁认为："景观是由不同土地单元镶嵌组成，具有明显视觉特征的地理实

图1-1-1　原生态桂林龙脊壮寨

体，它处于生态系统之上、大地理区域之下的中间尺度，兼具经济、生态和美学价值。"从景观生态学角度看，美国景观学者福曼（Forman）认为，"景观是由相互作用的镶嵌体（生态系统）构成，并以类似形式重复出现，具有高度空间异质性的区域"。德国地理植物学家特罗尔（C.Troll）的观点是，"景观代表生态系统之上的一种尺度单元，并表示一个区域整体"，基于此，在景观之中引入生态学概念，合并形成景观生态学。在景观学上，当前的景观学发展涵盖了多学科、多角度的特征，核心的内容是景观空间营造、美学、景观生态、景观行为等几方面。

乡村景观（Rural Landscape）泛指城市景观以外的空间景观形式，区别于城市景观的是其特有的生产景观和田园文化。一般认为乡土景观是"自然风光、乡村田野、乡土建筑、民间村落和道路，以及人物和服饰等构成的文化现象的复合体，具有自然、社会、文化三个方面"。乡土景观是自然景观和人文景观的综合，是美学、生态、社会、传统等方面的集中体现。1963年努涅斯（Nunez）首先发表了一篇关于墨西哥乡村周末旅游的论文，开创了乡村旅游景观学的先河。此后乡村旅游景观方面的研究主要集中在村落的保护和旅游开发，旅游市场的研究、游客的需求及其对于乡村环境的影响因素（图1-1-2）。

除了上述主要景观学科外，涉及乡村景观研究方面的学科还有人类聚居学（Ekistics）。1951年希腊建筑师杜克·塞迪斯以创造良好的人类聚居环境为目标，开创了人类聚居学，其中包含5个核心要素，分别为自然、人、社会、建筑物和联系网络，要素之间达到平衡，可保障人的安全和快乐。此外，还有关注社会、居

图1-1-2　旅游开发后的湖南通道皇都侗寨

民与土地之间的互动关系，引导居民自发地改造环境的景观社会学。目前，国外乡村景观设计方面的研究实践的范围越来越宽泛，涉及的对象越来越复杂，参与者越来越丰富多样。

1.1.2　乡村景观研究进展

高速的经济发展让人们逐渐感受到来自城市的紧迫和压力。出于对城市生活的厌倦，回望乡村，人们开始找寻理想的居住之地，"乡愁"一词引发了人们对乡村生活景观的大讨论。陶渊明笔下的桃花源岸"芳草鲜美，落英缤纷"，桃花源中的场景"土地平旷，屋舍俨然，有良田美池桑竹之属。阡陌交通，鸡犬相闻。其中往来种作，男女衣着，悉如外人。黄发垂髫，并怡然自乐"，成为人们的家园之梦、归乡之所。2012年普利兹克建筑奖获奖者、中国美术学院建筑学院教授王澍长期致力于浙江乡村建筑研究，在设计实践中他提出"乡村建设要走出一条差异性而更接近自然的道路，最可怕的是搞出一种新的风格，又是一种概念化的设计，这样的设计没有生命力，不被使用者接受"。王澍认为："城市应该向乡村学习。"20多年以来，他将这样的理念贯穿于设计作品之中，在中国尤其是浙江省，他的作品始终给人一种归乡的感受，作品中又蕴含了中国山水画的情怀和意境。在宁波博物馆的设计中，建筑的内外由竹条模板混凝土和用20种以上回收旧砖瓦混合砌筑的墙体包裹，质感和色彩完全融入自然，外墙体现了江南特色，是向浙江传统乡土建造的致敬（图1-1-3）。

在乡村景观设计实践上，国外一些国家很早就意识到乡村景观的保护和研究。关于乡村景观研究，20世纪50年代，欧美国家侧重于设计理论和方法体系，其方向包括生态规划和旅游休闲农业。

在景观生态规划方面，福曼总结美国和西欧地区土地利用与生态建设经验提出可能性景观设计（Possible Landscape Designing），这是一种最佳生态土地组合的乡村景观规划模型，且融合了生态知识与文化背景。区域内各类斑块大集中、小分散，在确保大型植被斑块完整的情况下，引导斑块之间的渗透，增加农业小斑块在大型斑块和建筑物之间，既满足生物多样性，也能够扩展视觉。著名捷克斯洛伐克生态学家雷兹卡（Ruzicka）和米可洛茨（Miklos）提出的景观生态规划理论与方法体系（LANDEP），以及德国哈勃（Haber）等

图1-1-3　乡土营造理念下的宁波博物馆外墙

用于集约化农业与自然保护规划的DLU（Differented Land Use）策略系统，在乡村景观的重新规划与城市土地利用协调方面起到了重要作用。

20世纪70年代乡村景观设计开始重视规划的整体性原则。国际土地多种利用研究组ISOMUL（The International Study Group on Multiple Use of Land）是一个由来自世界各国从事乡村土地利用和景观规划的著名学者组成的研究组织，该组织在乡村景观设计中提出的空间概念（Special Concepts）和生态网络系统（Ecological Networks）的概念，以保护和恢复乡村中的自然和生态价值核心为目标，积极利用土地资源，建立了乡村土地利用和生态设计的新理论。

美国风景园林师学会主席西蒙兹（J.O.Simonds）的《大地景观：环境规划指南》放眼于整个自然界，把乡村景观的学科层次提升到了大地景观规划的高度。书中明确规定了基本乡村和农业的范围，讨论了人类在乡村的开发活动带来的景观破坏，并提出在乡村景观设计中，应保留道路附属用地的景观特色，提倡营建道路绿地景观、路旁公园和娱乐区等。西蒙兹的理论研究对世界乡村景观规划的发展起到了很好的推动作用。

乡村景观中的性别研究是一个很有趣味的话题，布兰德（Brandth）在1995年发表的《乡村男性化的转变：拖拉机广告中的性别想象》中，在调查了农业机械化形成中的技术与农业生产中男性特征需求之间的关系之后认为，"由于男性在农业生产方面的体能与技术优势，现代农业中传统的性别规律仍然起着重要作用，并且与乡村景观中的支配权紧密联系在一起"。

传统农业生产中男性身体优势必然导致权利的分配偏向，乡村是男性化主宰的空间，尽管有一些研究者认为女性在乡村生产、生活中的贡献也发挥了重要的作用，但此类观点极少被人认同和研究，学者研究的焦点仍然集中在传统乡村社会景观中的男性化方面，特别是农业生产过程中男性权利结构的形成，以及在农业现代进程中男性身体优势的体现等方面。在中国，鲜有人研究女性的活动空间、特点和行为。在男权社会的主导下，传统乡村的男性空间表现出有层次、有韵律、统一中有变化的特点，体现了男性在社会、家族、家庭中的身份和地位；而女性处于从属地位，乡村景观中的女性空间压抑、单调、狭小和封闭，活动空间受到限制（图1-1-4）。在景观空间的审美上更是男权主导，女性很少有机会参与到乡村景观的建筑实践之中。

图1-1-4 山西民居的深宅大院削弱了女性空间

巴西景观建筑师罗伯特·布雷·马克斯（Roberto Burle Marx）强调绘画对其景观设计的影响。他认为艺术是相通的，在设计中，他重视绘画元素的表达，尤其强调植物的季节性和本土性使用原则。他将奔放的巴西乡村景观元素表现在设计之中，同时创造了适合巴西的气候特点和植物材料的风格，如他的绘画作品一样，将超现实主义与景观结合在一起，开辟了景观设计的新天地，与巴西的现代建筑运动相呼应（图1-1-5）。

图1-1-5　布雷·马克斯的南美地域特色的景观作品

美国奥本大学的教授塞缪尔·莫克比（Samuel Mockbee）和他的乡村工作室扎根美国南方腹地黑尔县，黑人乡村社区十分贫困，居住条件十分简陋，几乎没有任何公共设施和交流场所。1993年成立乡村工作室（Rural Studio）的建筑师塞缪尔·莫克比，聚焦于公民设计师的培养，开设了针对乡村营造的设计项目课程，并逐渐开始为穷人而设计，力图凝聚和振兴贫困社区，尤其是为贫困家庭的儿童。"Everyone, rich or poor, deserves a shelter for the soul（无论是富人还是穷人，每个人都应该得到心灵的庇护）"。在他的带领下，学生以低造价方式为居民建造大量建筑。设计采用的是现代的美学语汇，有创造性的结构，利用的是当地廉价或废弃的材料。在莫克比去世后，其合作者继续扎根此地设计营造。如Hero Children's Center（HERO儿童中心）（图1-1-6），设计的目的是为观察、采访和开解那些曾经被虐待的孩子，这是学生设计的项目，在资金不足的情况下，开敞的空间形成通风的公共空间，节约了安装空调的费用。大部分建筑的外墙、结构材料是从塞缪尔·莫克比的其他项目中回收再利用的，不同材质拼贴出来的效果更像是孩童天性中即兴发挥的设计。之后，塞缪尔·莫克比的乡村工作室带领着学生，发动居民参与设计和建造，持续为乡村社区改造和设计公共建筑，如佩里湖滨公园（Perry Lakes Park）中的作品——"亭"（Pavilion），可以很明显看出，其简洁开敞的空间在树林深处为乡村生活带来了更多的交流空间。尤其值得称赞的是Mason's Bend的社区中心（Community Center），夯土墙、金属结构以及从废料场里购买的雪佛兰汽车的挡风玻璃，以鱼鳞片式设计覆盖到屋顶，这些设计手法都让人感叹乡村工作室的创造能力（图1-1-7）。

图1-1-6 Hero Children's Center（HERO儿童中心）

图1-1-7　乡村工作室的公共建筑设计作品

　　在国内，乡土景观设计实践者、北京大学教授俞孔坚带领他的土人设计团队在沈阳建筑大学新校园中通过种植稻禾作物等营造出一个校园农田，结合当地的野草等元素，在最短的时间内创造出新的校园农业景观。将水稻作为景观元素最初也是出于低造价、易维护的原因。设计者将乡土材料引入校园中，形成九个庭园，每个庭园形成不同的田园风景，在播种和收获的季节，学生老师参与其中，在校园里又形成互动的景观（图1-1-8）。

　　我国台湾地区的谢英俊及其乡村建筑工作室和塞缪尔·莫克比的乡村工作室有很多相似的地方，同样致力于低造价、可持续发展的建筑的营造。1999年台湾发生9·21大地震后，谢英俊前往南投灾区帮助灾民重建家园。在灾区就地取材，尽可能节约成本，组织当地村民设计和重建具有邵族人特色的乡村住宅（图1-1-9）。

图1-1-8 沈阳建筑大学里的稻田景观

图1-1-9 台湾邵族部落灾后新居

2004年，谢英俊又结识大陆"三农"问题专家、晏阳初乡村建设学院的院长温铁军，此后谢英俊与晏阳初乡村建设学院合作组建他的乡村建筑工作室，随后在河北、河南、安徽等地的农村开展乡村营造工作。2008年又深入四川地震灾区开展乡村营建工作，他沿用传统营造方式，利用当地材料，回收倒塌废弃的建筑材料，结合新式的环保生态理念为农民盖房子（图1-1-10）。其观点是坚持建筑的永续性，采用开放性架构体系（简化构筑方法、开放体系、原型探讨、互为主体）。其中开放的建筑结构体系为居住带来了可生长性，使用者参与操作，建筑师和居民互为主体参与设计之中。

图1-1-10　灾后杨柳村重建项目

　　当前，我国乡村社会正在经历着从农耕经济走向工业化生产的过程，新时代的乡村建设备受国内学者的关注。目前国内乡村景观研究集中于乡村聚落研究和农业生态研究，主要关注乡村规划和建筑环境等方面，乡村景观的规划设计中不可避免地需要提到传统文化的传承和乡村社会学等内容。乡村景观生态设计研究是基于生态系统大格局的研究，近年来成为乡村景观研究的重要趋势。

　　在社会学研究方面，首先要提到费孝通。20世纪30年代，他出版的《江村经济》和《乡土中国》两本著作，从社会学的领域研究中国社会传统乡村经济结构的特征和成因。费孝通认为中国乡土社区的单位是村落，村落既是一个地理空间的单元，也是一个具有社会性的单元，是人造而成的自然人居性景观。他以江苏省吴江县（今吴江市）为例，对乡村生活、生产做了系统而细致的考察。

　　1997年刘沛林《古村落：和谐的人聚空间》从传统地理学的角度系统论述中国古村落的空间意象和文化景观，阐述中国古代的村落规划思想，古代村落的基本类型、选址特点、空间布局特点，古村落意象的地域差异，构成古村落意象的要素、标志和含义，中国古村落的景观建构、保护与利用等内容（图1-1-11）。从历史成因角度，将古村落划分为原始定居型、地区开发型、民族迁徙型、避世迁居型、历史嵌入型五类，对传统村落的传承、保护和发展具有一定的参考价值。刘沛林认为乡村聚落是礼制为前提的精神空间，"乡村既是一种民族凝聚力的基础和有效的共享空间的原型，也是束缚人们行动的无形的锁链"。在乡村，宗祠是核心体，是宗族的社会象征，居住建筑是围合体，人们以社会伦理和家族秩序为原则聚落而居，这是几千年来中国乡村遵守的空间组合原则，构成了独特的中国乡村景观。

图1-1-11 从雷岗山看宏村景色

1994年彭一刚《传统村镇聚落景观分析》以大量浅显易懂的手绘图形式，系统介绍传统村落形成的过程、生活习俗、民族文化、地形地貌特色和景观特征等。彭一刚对于传统村落景观进行分类和分析，更加深入地研究景观的形成因素及构成要素，阐明了由于地区的气候、地形环境、生活习俗、民族文化传统和宗教信仰的不同，导致各地村镇聚落景观的差异。彭一刚指出："人类文明发展的程度越高，自然因素影响所起的作用便愈小，社会因素所起的作用则愈大。"传统村落与古典园林存在着一定的异同，相同点是它们都注重整体营造原则，追求山水构图诗情画意的中国美学特征，不同点是乡村景观出自乡村居民之手，更为自然和朴实，内含自然趣味，受一定的地理条件因素影响，被人文历史发展所左右。中国古典园林属于文人园林，蕴含着丰富的中国文人美学和精致的生活态度。

乡村景观营造和研究在我国还处于刚刚起步的阶段，相应的理论研究体系亟待完善。随着经济的发展，中国的乡村景观正在进入一个全新的时期，本土设计师正在摸索乡土景观的设计方向。从最近的情况看，无论是数量还是质量都有了极大的改善。有了前期的理论研究和实践积累，我国的乡土景观必然会有一个更为正确的发展方向、更为广阔的发展空间。

1.1.3 乡村景观的分类

乡村是地域特色和乡土文化的载体，乡村景观是由生态、生产、生活等的不同空间组成的集合，农田、住宅、河流、植物、小路构成了乡村景观的有机整体。乡村呈现出来的景观特征是一个自然和文化共同作用的结果，传统文化和社会思想在其中起到了重要作用。乡民是景观的主体，他们适应自然、改造自然，创造出具有地域文化特质的乡村景观图景。乡村景观一般分为乡村自然景观、农作景观、聚落景观、传统地域文化景观等类型。

（1）乡村自然景观

中国幅员辽阔，地形地貌多样，有丘陵、山地、森林、河流、瀑布、湿地、海洋等。乡村中拥有的丰富的自然风景资源，同时也是农业生产和生态旅游的资源。

乡村自然景观主要由气候、地质、地形地貌、土壤、水文和动植物等自然要素综合构成。气候因素对乡村景观产生了巨大的影响，在不同气候影响下乡村景观会呈现区别较大的识别特征，如日本白川合掌村的雪季因保留了古代的民家建筑而闻名，因当地冬天雪量大，当地人用厚厚的茅草盖成屋顶，把屋顶设计成非常倾斜的角度便于积雪落下，远看就像合起的手掌（图1-1-12）。

桂林山水甲天下，雾季的桂林如梦如幻。在三、四月份，由于温差的原因，漓江上时常出现雾笼江面的美景，给桂林平添了几分神秘，宛若一幅浓淡相宜的水墨画（图1-1-13）。

"春雨惊春清谷天，夏满芒夏暑相连，秋处露秋寒霜降，冬雪雪冬小大寒"，几千年的农耕社会形成了独特的二十四节气文化，构成了中国乡土景观的基础。传统中国更加遵循气候等地理环境的变化，注重风水观念、因地制宜，从而达到天人合一。自然景观里的山石洞穴、山涧、谷、丘壑是组成一个场地的基本元素。"仁者乐山，智者乐水"，人们在几千年的自然景观的利用和改造过程中逐渐形成了对自然的山水崇拜，从中国山水画和中国古典园林中都可以看到，自然景观被设计成人工艺术，人们在其中比拟山水自然之景，并引申出人生境界。北京北海公园后山濠濮间出自《世说新语》中东晋简文帝入华林园"濠濮间想"的故事："会心处不必在远，翳然林水，便自有濠濮间想也。"园林假山模仿自然山地景观，往往三面土山环抱，林木茂盛。山水结构往往以水为主，以山托水，山野情趣浓郁，景色清幽深邃（图1-1-14）。

图1-1-12　日本白川合掌村的雪季

图1-1-13　桂林漓江雾景

图1-1-14 北海公园濠濮间

（2）农作景观

农作景观是乡村景观的主要内容，主要表现为乡村农业生产的景观风貌，其与当地的土地条件和经济发展水平有着很大的关系（图1-1-15）。传统的农作景观以人工生产为主，辅以简单的生产工具进行小范围耕作。由于传统社会一直是非机械化的生产，使得农作景观一直呈现出精耕细作的特点，这就构成了传统乡村农作景观小斑块式的特征，尤其是在南方乡村。我国地理条件的差异导致了南北乡村农作景观的风貌各不相同，从北方平原"三月轻风麦浪生，黄河岸上晚歌平"到南方乡间"稻田凫雁满晴沙，钓渚归来一径斜"，农业生产的景观成为乡土气息原汁原味的直观体现（图1-1-16）。乡村工业、农业生产，农田基本建设和灌溉水利设施使用等（图1-1-17），包括农业播种、收割、采摘、晾晒、加工制作等都是具有时间性的生产活动。乡村的水利系统连接着乡村生产和生活，与农田一同构成了完整和真实的农耕时代乡村景观场景。时代发展向前，机械化生产方式必将覆盖所有生产活动，田野上将呈现工业化的生产场景。

图 1-1-15　农业景观展示

图 1-1-16　广西南丹白裤瑶谷仓景观

图 1-1-17　成都都江堰水利工程

（3）聚落景观

乡村聚落历经几百年甚至上千年的发展历程，形成了现在最适宜当地人生活的环境模式。在漫长的农业文明时代，大大小小的聚落单元散布在中华文明的每一个区域，乡村社会所必需的各种建筑构成了独特的人类聚落景观。形成聚落的因素有很多，主要有自然环境、生产方式、社会文化、建筑风貌等，这些因素相互作用而形成不同组合，决定了聚落景观特征，不同的传统文化和生活习惯的差异造就了不同的聚落形态。

欧洲一些国家基于宗教信仰，乡村和城市的住宅大多围绕着教堂修建而形成聚落，教堂在精神上和交通上都是中心，是人们寄托灵魂的地方，也成了景观在视觉上重要的特征。我国福建永定客家人的土楼群聚落形式也是中心布局形式。客家人因避战乱从北方一直迁徙到南方，南方土地稀缺，外来的客家人只能在山区扎根，耕种条件十分艰苦，土匪的袭扰让客家人的聚落形成以家族为核心、对外封闭的具有防御性的内院型聚落形式。江西赣南围子、客家人的围龙屋也都属于此类形式（图1-1-18）。

这类特征可追溯到原始部落里个体住宅的茅草小屋围绕着大屋而建，体现出原始的宗教信仰。聚落景观的重要特征是乡村聚落与自然环境的协调性，我们的先民善于处理与自然的关系，形成和谐共生的聚落生活形态，也就是经常被人说到的"天人合一"思想。选择安全的居住位置、充足的光线和便利的水源，利用自然的风道，寻找优良肥力的土壤，同时为子孙预留下可发展的土地空间，这些因素共同构成了传统聚落景观的特征。聚落景观首先关注结构形态和历史传承的完整性，聚落往往和农田水利、自然风景密不可分。乡村地区是中国最广泛和最重

图1-1-18 福建永定土楼

要的人类聚居地，乡村景观体现出一种多样的景观类型。聚落入口、建筑、街巷、古树老井、交通、排水、晾晒、聚集等，这些元素构成了完整的乡村聚落空间。

以安徽宏村为例，整个宏村仿"牛"形布局。500多年前由于一次山洪爆发，河流意外改道了，宏村汪氏祖先带着村民利用地势落差，引水入村形成现在的水圳。宏村水圳九曲十弯，流经各家各户，传堂过屋经过月沼，最后注入南湖。汪氏祖先立下规矩，每天早上8点之前，"牛肠"里的水为饮用之水，过了8点之后，村民才能在这里洗涤。宏村水圳是人类巧用自然资源的智慧结晶，构成了宏村独特的乡村景观风貌（图1-1-19）。

由于一些历史原因我国目前保留下来的乡村聚落较少。在高速发展城镇化的今天，大量乡村聚落城市化，在一些村落里零零碎碎地剩下一些单体的传统建筑，整体布局被破坏，已经不具备聚落的特征。

自然环境决定的建筑形式如北方的靠崖窑洞、地坑院、独立窑洞，中国西南少数民族和东南亚地区依山而建的干栏式建筑，皆形成了独特的聚落风貌。自然环境影响聚落的风貌，北方人口稀少、土地资源丰富，且由于天气寒冷需要更多的日照，其庭院设计常常要尽多地保证阳光的直射入屋，以获得更多的阳光热量。南方土地资源有限、人口众多、气候炎热、聚落房屋密集、巷道狭窄，为防止阳光的直射，住宅庭院往往设计成小而高的空间样式，称之为"天井"。华南理工大学汤国华教授在《岭南湿热气候与传统建筑》一书中研究指出，在岭南湿热地区，乡村形成的聚落内，巷—天井—住宅形成热压"微气候"（图1-1-20），局部的热压风、水

图1-1-19　充满智慧的宏村水圳景观

图1-1-20 聚落应对气候（桂林永福县崇山村）

陆风、街巷风和传统建筑的敞厅都是人们为了抵御潮湿天气、消解炎热气候的方法。聚落功能随着时间而不断地调整改变，以适应乡村的生活。我国北方的巷子宽，所以在运输的时候多用驴骡，重物放在其左右；南方由于巷子狭窄，多用人挑，重物在前后。除了居住类的聚落以外，还有商业街市型聚落。古时交通多依赖于水路交通，还有一些需要转运的驿道，人力运输的交通沿线、定期举行集市的地区往往形成了繁华的聚落，如中国历史上出现的茶马古道，包括陕甘茶马古道、陕康藏茶马古道（蹚古道）、滇藏茶马古道，在路上就形成了很多乡村聚落（图1-1-21）。军事类型的聚落形式如浙江的永昌堡（图1-1-22）、贵州的屯堡等，是戍边将士卸甲归田定居的聚落，河北蔚县至少有300多座大小不一的军事化聚落。当前，乡村城市化和农业工业化是乡村聚落快速消失的根本原因，如不加保护，我们将会永久失去这些珍贵的文化遗产。

图1-1-21 云南茶马古道上的剑川沙溪古镇

（4）传统地域文化景观

图1-1-22 浙江的永昌堡环海楼

传统文化涵盖民风民俗，集中反映在乡村人的生活风貌之中，这是乡村景观中不可忽视的元素。乡村地域传统文化是文明演化而汇集成的一种反映民族特质和风貌的文化，是民族历史上各种思想文化、观念形态的总体表征，越是偏僻的地方受到的外来干扰越少，地域特色越鲜明。广西南丹县的白裤瑶是瑶族的一个分支，在中国整个民族的人口不到3万人，这个民族被称为"人类文明的活化石"，白裤瑶妇女夏天的服饰，上衣一前一后两块布，里面不穿内衣，这样的传统一直保留到现在，所以很多人称白裤瑶为"两片瑶"，就是来自妇女的独特服饰。随着时代的发展，白裤瑶人逐渐放弃这些传统，尤其是年轻一代，在走出自己的村落来到城市时，对于自己的文化产生了迷惑。文化怎么发展，这是一个非常值得思考的话题。

乡村景观会以具体的视觉形象表现地域文化景观。如乡村的戏台除了节庆时的娱乐功能之外，也承载了商业功能，更重要的是舞台还是个文化教化的空间，那些脍炙人口的剧目是乡村人的精神财富，是乡土文化一致的价值认同。乡村古井用以满足人们的日常生活用水需求，每日必会使用的水井周围成了乡村生活新闻的发布场，人们在此交流，传递自己对问题的看法和见解，这里仿佛成为一个道德法庭，社会事务在此地已被提前判决。乡村的古树也是重要的文化元素，一般位于村口或村里开敞的公共空间，树荫下成为乡村社会生活中重要的交流场所。同时，这里也是一扇窗口，成为乡村和外界的连接地。古树具有强烈的识别性特征，村口的标识除了牌坊之外，古树也是很重要的元素。对于北方的集市、南方的圩场，村民传统自定的交易时间沿用至今（图1-1-23、图1-1-24）。

1.1.4　乡村景观设计遵循的原则

对于城市的现代化发展中已经造成的严重污染，乡村也不可幸免，工厂的废水严重污染了乡村的河流和土壤，直接威胁到乡村居民的生命健康，同时也间接威胁到城市人的食品安全。近30年来，中国全力发展城市，导致农村长期处于落后状态，在不正确价值的引导下，乡村盲目追求城市化、现代化，带来的是剧烈的建设活动。这些活动瓦解了地域独有的传统文化，丢弃了传统文化景观，造成了现在乡村尴尬的文化呈现。

我们内心期待的乡村应该是什么样子的？如画般的树林，青砖小瓦成片的村落，与春花秋月冬雪共同呼吸的田野，这些和现代化没有非此即彼的二元关系，正确处理好乡村和城市的关系，保留传统的气质和文化氛围是乡村景观设计遵循的原则。

（1）尊重乡村生活的时代特征

我国乡村设计的主导者多为政府，某些决策者片面理解"修旧如旧"的含义，将乡村建筑不加区分严严实实地保护起来，结果反而使其失去了生命力、失去了

图1-1-23　热闹的赶圩传统

	天天圩	三天一圩			1、4、7	2、5、8	3、6、9	5、10	5、8	4、7、10
		子卯午酉	丑辰未戌	寅巳申亥						
桂林	奇峰镇、瓦窑	雁山镇					柘木镇、草坪回族乡			
阳朔	阳朔镇				白沙镇、杨堤乡	福利镇、高田镇、葡萄镇	阳朔镇、兴坪镇、金宝乡、普益乡			新村
临桂	二塘镇	茶洞乡、五通镇、界牌 罗城、中庸乡 四塘乡	两江镇、会仙镇 南边山乡、宛田瑶族乡 太平、山口、保宁	六塘镇、马面 庙岭 塘头				黄沙瑶族乡		
永福	龙江乡、保安	苏桥镇、永安乡、堡里乡 广福乡（鸡石）	百寿镇、喇嗒、矮岭	永福镇、罗锦镇 三皇乡、凤凰						
灵川	灵川镇、正义 敢兴			青狮潭镇 大境瑶族乡	潮田乡、灵田乡、兰田瑶族乡 定江镇、公平、小平乐	大圩镇、海洋乡、潭下镇 双潭	三街镇、九屋、大面 雄村、大庙		岩山	
全州	全州镇、庙头镇 黄沙河镇、文桥镇	龙水镇（农历二月初八/三月初三/五月初八/九月初八） 大西江镇			大塘	两河乡、蕉江瑶族乡 绍水镇	石塘镇、安和乡、凤凰乡	永岁乡、咸水乡 东山瑶族乡、白宝乡		
资源	梅溪乡、瓜里乡 （车田、两水苗族乡） 中峰乡									
兴安	兴安镇、溶江镇 界首镇、严关镇	漠川乡、庄子	白石乡（鳌头）	长洲		司门		华江瑶族乡、金石（中洞）		
灌阳	灌阳镇 观音阁乡（农历九月初一）				新街乡、文市镇	黄关镇、水车乡、新卫	西山瑶族乡、新圩乡 洞井瑶族乡			
恭城	恭城镇、马路桥				平安乡、西岭乡、三江乡	嘉会乡、龙虎乡	莲花镇、栗木镇	恭城镇（大圩）		
平乐	平乐镇、福兴				同安镇、二塘镇、大发瑶族乡 阳安乡	长滩、张家镇	沙子镇、桥亭乡、源头镇			
荔蒲					新坪镇、蒲芦瑶族乡、马岭镇 青山镇	荔城镇、花篢镇、三河乡 茶城乡	杜莫镇、大塘镇、双江镇 东昌镇、修仁镇			
龙胜	瓢里镇（农历三月二十三大圩） 平等乡（农历六月二十四大圩）				和平乡（农历1、4、7） （农历六月二十四大圩）	三门镇（农历三月初四） 江底乡（农历六月初六）	泗水乡、马堤乡 （农历四月初八）	龙胜镇		

图1-1-24 桂林乡镇圩日表

活力，俨然一个"假古董"，以此发展旅游业，殊不知旅游者在其中完全感受不到村民真实的生活，更无法参与其中体验，走马观花之后往往难以留下深刻的印象。同时，村民也没有感觉到生活质量的提高。乡村也是有生命力的，保护与建设必须同步进行。传统村落是农耕时代的产物，与今日的生活条件和现代工程技术比，已经不能同日而语，特别是年轻一代的人在城市中感受了现代化的生活条件之后，再回去住在原来的房屋里，已经远远不能满足他们的需求。有一次笔者去桂林市永福县崇山村进行设计调研，村里有一组旧建筑保持比较完好，已经被严格保护起来，本是一件非常好的事情，无奈村民并不满意，牢骚满腹。经过了多次的村庄修缮改造，村民对于前来的设计师抱有强烈的怀疑态度。通过入户调查沟通，一位老人吐露了心声。对于村庄里这一片完整的古建筑，这几年政府保护力度加大，严格限制他们对自家建筑的改造和原地重建，村庄四周都是基本农田保护范围，也没有土地能异地重建。现在的情况是，老年人守着旧宅，年轻人都搬到镇上或者县里。古建筑虽然占地面积大，但真正能使用的房间只有三四间厢房，老人家的4个子女节假日回来时无法同时住下。而且木建筑的保温、隔音、厨卫等设施都比较差，年轻人吃过饭后都选择开车回到自己的新家里，这让老人感到非常失落。这样的情况应该不是个别现象，故而当务之急是要区分保护级别，对于重点的具有文化价值的聚落、建筑要重点保护，但对风格协调的而没有文化价值的建筑在保护外观的情况下，内部可进行改造以适应时代的要求。新建的建筑要严格控制外观、色彩和材料，引入现代化设施，推出一批具有指导意义的新式住宅（图1-1-25）。

从历史上看，传统的乡村景观被人们赋予了更多文化上的概念，分析保护主义者的观点、立场可知，他们单方面地看到对于过去保护的重要性，却会忽视对未来的想象力，也就是说不能尊重事物发展的普遍规律，没有发展的保护只会束缚了乡村景观的发展。大卫·马特勒斯（David Matless）在《景观与英国风格》一书中指出，"英国乡村景观实际上是现代化乡村的典型代表"，英国的灵魂在乡村。林语堂有句被人熟知的论述，世界大同的理想生活，就是住在英国的乡村，家里装着美国的设备，再请一个中国的厨子。英国的乡村即使历经数百年，依然哼唱着古老的歌谣，拥有色彩厚重的庄园和草地上悠闲的羊

图1-1-25 经过保护改造后的桂林长岗岭村

群，这样的场景从古至今没有发生改变，这反映出现代化和传统并不是对立的关系。"理想乡村"在规划者的眼中是有次序的现代化空间（快速干道、电网、现代建筑物），在生态主义者眼中是有机的、绿色的、与城市区域相抗衡的空间，实际上他们所宣称的"理想乡村"在现实中都不存在。英格兰古老而悠久的乡村——拜伯里（Bibury）保留着千年历史的故居村落，这里有传统排屋阿灵顿路小屋（Arlington Row），被英国政府作为级别最高的古建筑加以保护。这里一年四季绿意盎然，工艺美术运动创始人威廉·莫里斯来到拜伯里时称其为"英格兰最美丽的村庄"（图1-1-26）。

图1-1-26   保留着传统乡村景观的拜伯里

英国历史悠久，乡村自然景观与乡村文化资源丰富。在现代乡村里也有机械化程度发达的农牧业，人们生活富足、静谧，大量的游客来到英国乡村，入住美丽的乡村客栈，享受着乡村美食。英国的乡村之所以能得到良好的传承与发展，凝聚着众多人士的努力。一战后机械化的发展彻底改变了欧洲传统农业模式，建筑师雷蒙德·昂温所提倡的人口稀疏花园式城郊社区生活模式导致英国人口向乡村推进发展，乡村土地面积减少了6万英亩（1英亩＝0.004047平方公里）。1926年，《英国的乡村保护》一书的出版标志着英国乡村保护和发展具有了明确的目标。英国城镇规划委员会主席帕特里克·艾伯克隆比呼吁成立英国乡村保护运动（CPRE）组织，以应对经济的发展对乡村的自然与传统人文景观的破坏，英国乡村保护运动组织在乡村景观建设上起到了重要的推动作用。

乡村社会经过长期的历史和文化建构，其成员对乡村生产生活方式有了认同，创造出了有着地域特征的乡村景观形态，这是一个不断更新和调整的动态过程。我们在做乡村景观设计的过程中，不能简单模仿和保留，要经过层层审阅，保留符合时代发展的内容，不断更新和再次创造，对于已经失去功能性的内容，可以在设计中让部分内容以纪念的形式存在。

立足于乡村发展，不做"假古董"式的乡村设计。王澍在元代画家黄公望的家

图1-1-27 保留浙西乡村景观的文村

乡富阳文村进行了乡村设计。对于这个过去有一个小五金加工厂和以养蚕务农为主的不知名的小山村，王澍从40多幢明清时代、民国年间的浙西古民居取材，沿溪而建，采用当地的杭灰石、夯土黄泥墙、斩假石、抹泥墙的传统建造形式，恪守与自然融合的建造思想，还原浙江乡村建筑原本的景观风貌。最关键的是，对于每一栋建筑都会考虑每一家村民的生活习惯和生活状态，建筑空间的内院、门、院子、堂屋、厨房、天井、农具间，这些传统的布局元素悉数保留，并按现代生活方式精细营造。顶层阁楼作摊场，可堆放农具、谷物或养蚕，外挑的屋檐不仅仅可以支撑屋顶，设计中还精心安排一根晾衣杆，可晾挂衣服和农作物。14幢低调又有特色的新农居与旧建筑相映成趣，"望得见山、看得见水、记得住乡愁"，富阳文村展现了一幅现代的《富春山居图》，回归了原本的质朴与安宁（图1-1-27）。该景观设计吸引了众多游客前来参观，不少企业来考察发展旅游业。

（2）尊重和体现地域文化特征

千年来积累的乡村地域特色是生存在乡土上的人的智慧结晶，反映出了当地人的生产生活和文化风俗。当你走入乡村，能从建筑风貌，村民的服装服饰、生产方式和语言文化上感受到地域文化的差异特征。乡村的景观设计要围绕着乡村生活展开，立足于当地的社会文化背景，传承和发展文化景观特色，尊重地方的生活生产方式，保护和利用优秀的民间传统文化、非物质文化遗产；尊重乡村差异性，避免乡村景观特色的消失。目前，"千村一面"的问题已经大范围出现，如果不加控制，必将导致乡土文化的彻底消亡。

英国保留着古老的历史和独特的风景，诗画一般的田园风光与亲近自然的恬静生活令人心驰神往（图1-1-28）。英国的乡村历史建筑保护体系是自下而上的，全民形成了良好的保护意识。营造乡村景观时，除了严格保护传统乡村建筑外，在建造新建筑时对于建筑的高度、屋顶的坡度、外观的颜色以及构成乡村景观的其他元素都有严格而具体的要求，所以新建住宅往往能和传统地域建筑相协调。如建筑以木柱和木横梁作为构架，屋顶仍为木构架，以石板瓦为主，屋顶坡度较陡，有双坡及棚屋形老虎窗，每户大多有壁炉，局部屋顶及墙面有用精美的红砖砌成的烟囱，高高伸出屋顶的烟囱成为标志性的乡村景观元素。外立面以灰、米、棕色基调为主，深色的木梁柱与白墙相间，外立面底层为红色清水砖墙，白线勾缝，并加以图案装饰，简约而明朗。外墙材料多为红砖石材及涂料等，表现出内敛

图1-1-28　保留着传统乡村建筑的英国乡村

稳重的风格。外墙上窗户的尺寸一般都比较小，同时以莎草、亚麻和麦秆等为材料的茅草屋遍布英国乡村，与自然达到了完美的契合。

（3）积极营造乡村社区

"社区（Community）"一词最早由1887年德国社会学家斐迪南·滕尼斯（Ferdinand Toennies）在《社区与社会》一书中提出。地理学上将其定义为一定的空间单位，心理学上则定义为共同利害关系形成的关系网络。乡村社区在文献中被定义为乡村交往中具有强烈归属感，遵循一定风俗习惯的社会组织。对比城市社区中联系的脆弱和社会关系的缺少共同方向性，乡村社区具有强烈的社会共同体的特征。我国现阶段乡村社区属于行政层次的概念，跨越地区的建设、资源整合仍然有一定的障碍。

乡村社区规划要把配套的基础设施和公共服务设施建设作为建设的重点，如学校、医院、图书馆、广场、公园等公共基础服务设施的规划建设，以满足居民的生活与工作要求。社区是一个功能完善的小组织，通常人们会认为乡村社区的交通设施、通信设施及能源供给设施都无法和城市相提并论，但位于德克萨斯州东部蒙哥马利和哈瑞斯郡的伍德兰兹（Woodlands）社区，在当初开发时还是一片荒芜的私人森林，经过30多年的建设，社区建有中小学校、医院、公园、广场、菜市场、购物中心等休闲娱乐场所，自然环境优美，受到居民的一致认可，被美国政府誉为模范社区（图1-1-29）。

图1-1-29　美国伍德兰兹
　　　　　（Woodlands）社区

社区是一个有着集体荣誉感的地方，社区建设是居民共同营造共识的过程，应鼓励公众参与乡村社区营造，比如通过座谈会、规划展示论证等多种方式参与规划的前期研究，还可以监督乡村规划，没有经过公众论证的规划无法得到审批、执行和建设，甚至公众对不合乎规划的建设可以提出申诉。在乡村景观设计中，应警惕设计师高高在上，权力过度干预建设活动，失去民意。我国台湾地区的乡村社区营造历史悠久。1965年，台湾地区在岛内推行社区发展活动，90年代初，社区发展开始真正走上社区总体营造、构建生活共同体的道路。台湾社区营造的目的是培育"有社区感的聚落"，不仅仅停留在政策的层面上，更不是口号式的运动，他们积极发掘社区内部资源，搭建社区服务平台，形成具有特色的"一村一品"的乡村特色景观。

无论是权力机构主导还是居民自发营建，乡村社区需要的是长效的管理，为乡民提供优质服务，解决乡民在生产生活中遇到的各种情况，大力发展信息服务平台建设，互动互助以振兴乡村经济，全面提升居民生活幸福感。多年前，台湾宜兰县苏澳镇白米乡曾经垃圾成山、污水横流、烟尘弥漫，这里的经济长期依赖于采矿，导致乡村环境恶化，居民纷纷外迁。1993年，为了找回乡村社区的生机，复兴旧时"白米瓮"的木屐产业，村民自发成立了"白米社区发展协会"，对当地环境资源和生态资源进行保护性开发。1998年，木屐合作社推出《白米社区产业文化推展辅导计划》，大力传承和发展特色木屐工艺产业，在此基础上细化了木屐产销制度的规划，延伸开发出木屐舞的培训等，旅游产业得到良性的发展（图1-1-30）。

图1-1-30 台湾地区白米木屐合作社

台湾地区的乡村特色社区近些年来发展迅速，趋向多元化，负责社区营造的社区发展协会担负起核心的资源整合作用，通过产业的激活，带来更多的经济效益，吸引年轻人回流。比较有特点的有：以社区照顾、关怀为特点的彰化县田尾乡，依托环境优势建造乡村生态园的嘉义县山美社区，以传统节日"王公过火"为特色形成的宜兰县二结社区，南方澳渔港社区的"鲭鱼祭"（图1-1-31），台南特色戏剧车鼓阵打造的云林县太湖社区，等等。

图1-1-31　台湾地区南方澳渔港社区"鲭鱼祭"

台湾地区的乡村社区营造值得大陆地区学习和借鉴。台湾地区与大陆地缘相近、习俗相同，都具有华人文化圈独特的遗传基因，文化背景、伦理观念、生活方式有很大的相似性。在乡村社区营造上，大陆可以借鉴台湾地区，充分发挥社区的自主服务能力，依托着地域特色为产业经济发展寻找准确的发展定位，提升社区服务的效能，挖掘社区特色文化，增强社区发展的持久动力。

（4）保护自然生态环境

乡村生态环境的保护是一个世界性的话题，目前谈保护不仅仅是单一的环境问题，更多的是社会与经济方面的问题。1962年美国蕾切尔·卡逊（Rachel Carson）《寂静的春天》一书的出版，在全世界范围内引起人们对自然生态保护的关注，唤起了人们的环保意识。书中用生动的现实案例描述了过度使用化肥和农药而导致环境污染、生态破坏，导致鸟类、鱼类和益虫大量死亡，最终通过食物链进入人体，给人类带来灾难的悲剧。蕾切尔·卡逊只身面对利益集团强大压力，向强权者提出了挑战。《寂静的春天》出版后逐渐拉开了全球环境保护的大幕，随后英国修订了《清洁空气法》，德国的老工业区鲁尔区也开始产业转型，1969年美国出台了《国家环境政策法》，1972年联合国人类环境会议公布了《人类环境宣言》。

在乡村可持续发展研究中，美国学者曼德（Mander）提出从景观生态的角度恢复乡村景观环境，保留乡村景观的多样性。他和梅丽特（Merit）在研究中共同指出："要保护乡村的生物多样性，高强度农业只能在农业生产区的核心地带发展。由于传统低强度农业对保持农田生物多样性具有很大潜力，耕作边缘区应保持传统的农业生产方式。"在乡村农田生态保护方面，G.R.de Snoo在走访农户的基础上，结合成本和收益分析，提出把不喷洒农药的作物与必须喷洒农药的作物间隔种植。考虑到农户收益，作物种植宽度由农户自由调节，由此可以很好地保持田间生物的多样性。他更加强调农户利益和乡村生态保护之间的平衡关系。目前，乡村自然生态环保的重点在于在基础设施维护、卫生保洁、绿化养护等方面研究长效管理机制，避免引发污染问题，影响生态环境。

乡村自然生态的保护还表现在景观视觉营造方面，设计时应充分利用和整理农田的序列、肌理，优化农田设计，加强环境保护，营造自然生态美，形成独特的乡村景观风貌。乡村农业景观力求真实和实效（图1-1-32），不用为迎合观赏者刻意创造。一些乡村农田景观在色彩设计上，在不同季节使用不同农作物呈现不同颜色，这些固然能吸引人，但不符合生态性的原则，也失去了景观的原生性。

在景观种植上，选择具有地方特征的农作物和其他植物，突出地域乡村景观特色。长期以来，不少设计师和建设主导者盲目拷贝城市景观、膜拜西方景观环境，不顾地方文化和生态原则，花高价引进一些名贵树木、花草种植乡间，这些植物

图1-1-32 每年三月婺源油菜花如期绽放

多数由于气候和水土不服而纷纷死亡。一些乡村政府投入资金，将乡村建设得像城市公园一样，由于乡村没有专业的维护人员，事先没有考虑到高昂的维护成本，不到几个月的时间，到处是杂草丛生。尤其是模仿城市种植大量灌木，既不能遮阴，有的地方反而影响人的活动，不久就被破坏，令人惋惜（图1-1-33）。

图1-1-33　荒废的乡村灌木景观

道路植物对动植物生态链的影响很大。人类的道路在很多地方切断了自然的生态链条，虽然在道路设计中会考虑留涵洞给动物通过，但效果往往不好，甚至成为捕猎动物的地方，给一些动物带来了生命安全隐患。在一些乡村地区的高速公路或国道上，公路两边的绿化带应种植一些高耸的树木，当有飞鸟横跨飞行到公路区域时，高耸的树木能提前让鸟类提高飞行高度，而不至于滑翔过此处，被来往高速行驶的车辆撞上，但相反的情况在乡村地区经常出现。

当前乡村景观生态保护研究主要围绕着乡村生态和居民的生产生活展开，可持续发展的理念始终贯穿于其中。目前我国乡村面临着调整农业结构，发展现代化、规模化、数字化农业的现实要求，而世界各国在现代农业发展完善之后开始提出发展生态农业、绿色农业、可持续农业等口号，以尽可能地降低对生态环境的破坏，这给我国的乡村农业发展带来了机会和挑战。在乡村自然生态保护上，研究者普遍认为，控制城市蔓延、保护农用地、制定相关政策以及提高农户的参与度是保护农业生态的核心所在，而只有积极发展乡村社区，真正得到居民的参与和支持，所有的政策与法规才能得以落实。

（5）推动乡村旅游的发展

旅游经济近些年来成为拉动乡村发展的动力，欧美等发达国家普遍重视发展乡村旅游业。英国的乡村建设非常注重对地方性文化的保护，如建筑、艺术和当地风俗等，挖掘乡村文化景观的新功能，坚持土地可持续性利用的理念，利用悠久的自然人文生态文化优势，形成生态经济理念，大力发展休闲农业和乡村旅游业，将乡村塑造为城市的后花园，使农业和旅游业同步发展，并从视觉上将农田改造为景观农田，将农产品二次加工设计成文创纪念品，以生态项目提升居民生活环境，提高其收入。同时，乡村旅游产业注意生态保护和保持自然的原真性，规划建设若干生态保护区，加强对生态旅游资源的保护工作。研究者W.Vos和H.Meekes认为，"实现欧洲乡村文化景观的可持续发展还必须意识到：富有的、稳定的社会需要的乡村景观应该具有多功能性；只有当地居民从文化景观的保护中获得利益时，农民才会进行景观保护；得到国家和当地政

图1-1-34　三江侗族团结舞吸引游客纷至沓来

府在管理上的支持十分关键；政府对管理权和立法权下放，让地方自己解决问题"（图1-1-34）。

　　在我国，乡村生态旅游作为一个新兴的产业，近几年来发展迅猛，它较好地转移了农村剩余劳动力，把人留在了乡村，带动了地区经济的发展。从国内的乡村旅游现状看，结合农业生产和生活特色的观光消费是城市观光者首选的形式。大量的农业观光园、采摘园、畜牧园、茶园、花海等如雨后春笋般蓬勃发展。尤其是周末经济，短线乡村游火爆，乡村旅游业不仅可以发展乡村经济，带来就业机会，增加农民的收入，还可以振兴乡村传统文化和手工艺。大量涌入的城市观光客不仅观光体验，还会购买新鲜、特色的农产品和手工艺制品，借助经济村民会自发地保护和传承地域文化。

　　目前，我国乡村旅游多集中在自然与经济的范畴，各地出现的一些乡村农庄、传统村落旅游形态还属于乡村旅游的初级阶段，某些重利的行为导致对乡村景观的破坏，这些方面应该多向发展完善的地区和国家学习、借鉴。

1.2　乡村景观的构成与特点

　　对比城市景观，自然和朴素是乡村景观的典型特征，乡村景观表现出稳定、独特、丰富多样的特色。城市景观的基本立足点是满足人们现实生活需要和精神审美的要求，其与该城市的地理位置、经济发展特征有着密不可分的关联。城市景

图1-2-1　香港中环立体步行系统

观是物质生活和精神内涵的体现，景观中突出表现出人类的智慧。但在很多情况下，人们依然会怀念自然的舒适和轻松，感叹城市生活带来的压力。由于城市的人工化严重，远离土壤的气息让人们感觉到压抑和窒息，比如在香港，很多人在一天的时间里都可能会远离地面，行走在天桥和地道等人工环境中，人工环境带来的精神压力使得人们更加向往乡村（图1-2-1）。

国外研究学者GyRuda等认为："乡村聚落的保护是建设可持续化的乡村生活以及对整个地区进行自然和传统文化复兴的重点所在。"同时，他又提出了四个乡村景观特色的要素，包括①历史风貌和传统民俗艺术生活的恢复；②当地居民的价值观念保护；③建筑环境的自然化；④保持村庄自身结构与特点。本书定义乡村景观的构成主要包括：聚落与建筑、乡村传统文化遗产、自然田园风光三个方面的内容。

1.2.1　聚落与建筑

聚落英文为Settlement，是人类在特定生产力条件下，为了定居而形成的相对集中并具有一定规模的住宅建筑及其空间环境。聚落有城市和乡村两种基本形态。乡村民居建筑是乡村聚落的核心内容，从广义来看还包括相关的生活生产辅助设施，如谷仓、饲养棚圈、宗族祠堂、信仰庙堂等。

复兴人文因素和建筑环境是实现乡村可持续发展的重点，其中乡村聚落保护是重中之重。在聚落的保护中，整个村落的个性与结构和建筑的风貌又是关键所在。乡村聚落具有典型的乡土特征，如西南少数民族的村寨、江南水乡、徽派建筑群、西北地区的窑洞建筑等。中国传统村落在空间布局与自然环境上遵从"天人合一"的整体营造理念，"风水"（古称"堪舆"）观念在村落选址和布局之中有着重要的指导作用（图1-2-2）。从现代科学角度上看，"风水"是前科学时代的经验总结，由于缺乏对于自然科学知识的了解，祖先们通过日积月累的经验积累，建立起一整套乡村建设的知识体系。摒弃迷信的因素，传统"风水"理论中越来越多的经验观点在现代科学中得到解释与验证，"风水"依然对现代人的生活具有某些指导意义。

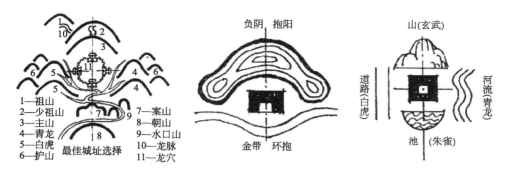

1—祖山
2—少祖山
3—主山
4—青龙
5—白虎
6—护山

7—案山
8—朝山
9—水口山
10—龙脉
11—龙穴

最佳城址选择

负阴　抱阳

金带　环抱

山（玄武）

道路（白虎）

河流（青龙）

池　（朱雀）

图1-2-2　最佳聚落形态图

风水学充分注意环境的整体性。《黄帝宅经》主张："以形势为身体，以泉水为血脉，以土地为皮肉，以草木为毛发，以舍屋为衣服，以门户为冠带，若得如斯，是事俨雅，乃为上吉。"清代姚廷銮在《阳宅集成卷一》中强调整体功能性，主张"阳宅须教择地形，背山面水称人心，山有来龙昂秀发，水须围抱作环形。明堂宽大斯为福，水口收藏积万金；关煞二方无障碍，光明正大旺门庭。"（图1-2-3）建房之初要选择风水的穴位，寻龙、点穴、察砂、观水四项是聚落建设的关键所在。中国的纬度和气候决定了住宅坐北朝南，我国的住宅多数朝向正南或者南偏东15°～30°，背后靠山，有利于抵挡冬季北来的寒风，面朝流水，能接纳夏日南来的凉风，得到良好的日照（图1-2-3），例外的是汉代《图宅术》中流行一句话："商家门不宜南向，徵家门不宜北向。"晚清时期徽商的住宅多朝东。聚落常依山傍水，利于交通出行、生活用水和生产灌溉；农田在住宅的屋前，时刻守护农业生产的安全；缓坡阶地，则可避免淹涝之灾；周围植被郁郁，即可涵养水源，保持水土，又能调节小气候，藏风聚气。（图1-2-4）《黄帝内经》中提到"风者

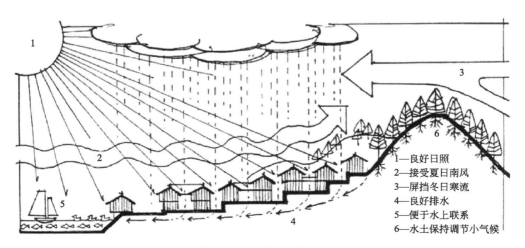

1—良好日照
2—接受夏日南风
3—屏挡冬日寒流
4—良好排水
5—便于水上联系
6—水土保持调节小气候

图1-2-3　聚落风水格局图

图1-2-4　典型风水布局的三江程阳八寨

百病之始"，即过强的罡风带来身体上的疾病以及引起连贯的"蝴蝶效应"。另外在心理学上，传统聚落按"风水"形势多形成一种"围合"或半围合的态势，可满足"防御安全"心理。

从直观的视觉上也能初步判断聚落的"风水"好坏。《博山篇·论水》说："寻龙认气，认气尝水。其色碧，其味甘，其气香，主上贵。其色白，其味清，其气温，主中贵。其色淡，其味辛，其气烈，主下贵。若酸涩，若发馊，不足论。"文中道出了在水质差的河边是不适宜居住的道理。观察聚落的水流速也是好"风水"的判断标准。古人认为："水宜蜿蜒静缓，不宜浩荡。而小桥流水，则有怡情静心之功。"乡村周边环境中声、光刺激的大小，对人的睡眠影响甚大，这与现代医学的观点相吻合。

乡村聚落区别城市聚落的主要特征就是建筑材料的选用。我国的南北乡土建筑多以砖木结构为主，在历史的发展中逐渐形成不同的建筑风格：福建夯土而建的土楼围屋、厦门的红砖古厝、广州沙湾古镇利用生蚝壳建造的住宅（图1-2-5）、徽派民居、西南少数民族的干栏式木楼、山西和陕西的靠崖式窑洞等。

图1-2-5　广州沙湾古镇的蚝壳墙面

乡土建筑的主要材料是生土、木材、竹和稻草等。尤其是生土建筑，早在5000年前的仰韶文化时期就已出现。目前还能在一些山村见到夯土建筑。建筑利用田里的土夯实而成，生土经过简单的加工作为建筑的主材，建筑拆除后又可回填入田地里，材料循环利用。这种生态建筑冬暖夏凉、建造方便、抗震性好、经济实用。随着时代的发展，传统的生土建筑逐渐被看作落后的象征，居民纷纷使用砖和混凝土等建筑材料。

混凝土等材料的建筑在乡村中大量出现，废弃后的材料回收比较困难，造成了环境的污染。而奥地利建筑师马丁·洛奇（Martin Rauch）改良泥土混合物成分，提升冲压技术，探索出更多的模板形式，最经典的是他为自己盖的房子House Rauch。他通过研究，对泥土进行不断压制，形成独石般的整体结构。在整体布局上，建筑与山地浑然一体，和谐自然。在夯土墙面上间隔使用条砖来提高夯土墙体的强度，同时形成挡雨条，减弱雨水的冲刷速度和力度，又在室内尤其是在厨房内使用玻璃，以阻挡油污（图1-2-6）。

图1-2-6　现代生土住宅House Rauch

2008年汶川地震后，建筑师刘家琨将灾区倒塌的建筑混凝土材料回收作为骨料，掺和切断的秸秆作纤维，加入水泥等制作成环保材料——再生砖，材料免烧、快捷、便宜、环保，是一个很好的尝试（图1-2-7）。

图1-2-7　灾区再生砖修建的房屋

1.2.2　乡村传统文化遗产

乡村中有"十里不同风、百里不同俗"的说法，中国地域广大，56个民族分布广泛，同民族之间由于地域的不同也表现出风俗的差异，构成了丰富多元的乡村文化。在农耕时代，乡村在很长一段时间都是文化的主体，与城市文化并行于社会文明之中。文化风俗是维系乡村社会结构的重要纽带，维系着乡土生活和精神寄托。传统的乡村文化包括乡村地方艺术、日常习俗景观、乡村民俗生活和当地地区或民族的价值观念等。乡村传统文化景观的具体表现形式为祠堂、集市、剧场、手工艺、特色农业技艺等。

当前的乡村建设无论从内涵还是形式上都更为丰富和多元，文化的传承与文脉的延续是乡村景观设计的内核，乡村景观的最终目标是，保护当地的传统文化，还原一个乡村诗意的现场，营造出一个舒适、慢节奏的宜居环境。日本古川町的濑户川地区为保护、展示当地传统的木匠文化、技艺，专门修建了一座木匠文化馆，使当地的木匠产业得以兴起，许多手艺人回到家乡创业，从而保留了家乡的特色传承。

乡村文化遗产是传统文化重要的组成部分，各种文化形态和人们的生活密不可分，形成了不同的地域文化生态系统。根据联合国教科文组织的《保护非物质文化遗产公约》中的定义，非物质文化遗产（Intangible cultural heritage）指被各群体、团体、有时为个人所视为其文化遗产的各种实践、表演、表现形式、知识体系和技能及其有关的工具、实物、工艺品和文化场所。国务院公布第一批国家级非物质文化遗产名录时将非物质文化遗产分为十大类：民间文学、民间音乐、民间舞蹈、传统戏剧、曲艺、杂技与竞技、民间美术、传统手工技艺、传统医药、民俗。中华民族悠久的历史和灿烂的古代文明为我们留下了极其丰富的文化遗产，如民间工艺品：陕西凤翔的泥塑、芜湖铁画；民间音乐：侗族大歌、凤阳花鼓、嘉善田歌、昆曲；民间美术：天津杨柳青的年画、中国木活字印刷术、黎族传统纺染织绣技艺、梅花篆字。正如费孝通所提出的"各美其美，美人之美，美美与共，天下大同"，乡村景观设计师应力求创造差异化的乡村文化，体现出不同价值的地方文化特色。

乡村传统文化遗产是在中国古代社会形成和发展起来的文化形态，它的生命具有源头性，也有流动性，在当前的乡村景观建设中大可以古为今用，取其精华，以时代的眼光去保护和发展传统文化。乡村振兴离不开文化的引领，在新的环境下对文化要自主选择，而不是一味地复古或全盘西化。正如钱穆所说："中国文化是自始至终建筑在农业上面的。"传统文化中丰厚的文化遗产是推动乡村发展的强大动力，文化的认同成为乡民凝聚力和创造力的根本。

1.2.3 自然田园风光

乡村广阔田野上斑斓的色彩、美丽的农田、起伏的山岗、蜿蜒的溪流、葱郁的林木和隐约显现的村落，呈现出一片大好的田园风光。长期生活在大城市的人特别向往乡村的田园生活。乡村的自然田园风光是乡村景观中重要的组成元素，正符合海德格尔所定义的人类理想的生存方式——"诗意地栖居"的要求。人们通过乡土生态环境和田园野趣，回归精神上的幸福感受。乡村景观中植物是非常重要的元素，与环境的关系密不可分，植物的根能涵养水分、保持水土、稳定坡体。目前，乡村中的植物品种单一，大多随意生长，营造景观时可增加植物品种，以起到点缀的作用。整齐划一的植物能增加景观的统一感，形成震撼的视觉效果。设计时，应因地制宜，培育整合地方特色的乡村自然景观，如江西婺源的油菜花田、浙江八都岕的十里古银杏长廊、广西桂林的乌桕滩（图1-2-8）等，此外，乡村的夜景景观也是非常重要的自然风光。乡村空气纯净，适宜观看星辰美景。

图1-2-8 桂林乌桕滩秋景

第 **2** 章

乡村景观设计理念

2.1 乡村景观设计的"三环"

新时代赋予我们的重大机遇和使命，合理有效地推进乡村景观的建设势在必行。中国村落未来的发展既要考虑产业方面，更要考虑与历史、文化、美学等传统文化上的连接。乡村景观的发展既不可能完全延续传统乡村的模式，也不能被城市的模式所左右，而应探索出适合现代乡村景观发展之路。

在设计理念上首先要顺应自然环境。传统的村落布局中"天人合一，因地制宜"的指导原则是中国传统文化的重要组成部分。适地适树、就地取材，结合地方传统的建造工艺，既经济好用，也能形成独特的地域特色。其次是保持乡村景观宜人的小尺度村落形式。小尺度带来友好的邻里关系，近人的尺度关系在心理学上能带来更多的交流互动，并具有强烈的空间识别性特点。新的时代下重新塑造的乡村景观需要强化地域性特征，建筑形式和建筑材料虽然可以轻松得到，但不能盲目拷贝城市，乡村更需要自身建造语言的传承。最后是充分尊重地方的文化特征，生活生产空间营造出生动的"生活美学"空间，人们在生产活动和共同伦理信仰下形成的相互依赖、相互习惯的公共生活关系都是需要不断加强的。乡村景观设计理念有"三环"：视觉意象环、景观功能环、意境环。

2.1.1 视觉意象环

（1）景观意象

"暧暧远人村，依依墟里烟"。千百年来鸡犬之声相闻、炊烟袅袅的乡村景观，成为中国人精神世界中不变的记忆图画。乡村视觉美感是乡村景观最重要的组成部分。人类行为过程模式研究的学者认为，人类偏爱含有植被覆盖的、水域特征的，并具有视野穿透性的景观。信息处理理论认为美的景观必须具备探索复杂性和神秘性，是有秩序的、连贯的、可理解的和清晰的。人们乡村视觉景观的喜爱度与该区域大面积的原始景观、保护较好的人文景观、区域植被覆盖度、水域面积总量、山峦的出现和景观中的色彩反差有着很大关系。乡村景观意象是乡村视觉景观的重要元素，从景观元素分析看，人们对乡村景观的想象成分决定了观看者的期望景象。千百年以来乡村记忆里的"小桥流水、炊烟袅袅、农家小院、鸡犬相闻"，这些场景就是人们梦想的乡村生活意象（图2-1-1）。

乡村景观意象分为原生性景观意象和引致性景观意象两类。原生性景观意象是经验的积累过程，当一个人通过访问不同的乡村获得对乡村景观的一个综合的意象，从而建立起自我的乡村景观意象就是原生性景观意象，尤其是孩童时期的记忆是影响一个人的主要因素。而引致性景观意象获得的途径很多，常规情况是通

图2-1-1　乡村炊烟袅袅

过文艺作品、摄影绘画、现代媒体、口耳相传等方式建立起来的乡村景观空间意象。引致的景观意象的获得和一个人的生活背景、文化层次有直接关系，反映出个人的生活经验。两种意象构成了乡村景观视觉美感的形成原因，而乡村之美还在于淳朴的社会关系、自然的生活环境、独特的人文风情。研究表明，西方人对自然景观的偏好程度高于对人文景观的喜爱，中国人则受到深厚的文化影响，更偏爱人文。乡村视觉方面表现在自然环境下的青山绿水、村口大树、溪流泉水、山涧鸟鸣、新鲜空气，还有人工建筑物表现出来的小桥人家、白墙灰瓦、农家村落、林荫小路、竹林茅屋等，都是能引起人们对乡村景观的共鸣及图像化联想。

　　而目前，乡村视觉景观被破坏的情况比比皆是：污染的河流、城市化的大草坪、不协调的雕塑和商业广告（图2-1-2）、破损的道路、四处停放的汽车、劣质的现代建筑、随处乱扔的垃圾、浓厚的商业气氛、喧哗的人群等，这些都是让人难以接受的。冒着烟囱的工厂的出现是乡村视觉景观被破坏的最为严重的问题。在某些地区，现代城市经济通过产业转移逐渐深入到乡村，借助乡村丰富的生产资料和廉价劳动力，成片成片地在农田里矗立起来的钢结构大尺度厂房，对乡村景观形成了毁灭性的打击。长三角和珠三角一些发达地区，大量厂房的出现，急速扩张了乡村范围，出现了工整的街道、拥挤的人群，以前的乡民开始朝九晚五地上班，这彻底改变了乡村的性质。垃圾对乡村景观的破坏力同样巨大，我国的乡村垃圾围村的情况非常严重。传统农村的垃圾基本上是生态垃圾，能够堆肥自动降解，现在大量塑料、金属、橡胶制品的垃圾由于缺乏资金和系统管理的处理，造成极大的视觉污染。近些年来，很多人对乡村的印象首

图2-1-2　乡村丑陋的广告墙

先是卫生情况差，垃圾满地。乡村视觉景观应以自然为本，敬天尊地，人与自然建筑融为一体，体现出地域化的乡土文化态度，面向泥土、春暖花开才是乡村该有的样子。

（2）空间层次

王安石在《书湖阴先生壁》一诗中描写了乡村景象，"茅檐长扫净无苔，花木成畦手自栽。

图2-1-3　江西婺源篁岭依山而建

一水护田将绿绕，两山排闼送青来。"景观视线从院内花木移向院外的河流、农田和远处的青山，推门而出，青山绿水扑面而来，展开了乡村景观空间层次。景观空间层次是景观视觉里的核心内容，乡村的景观视线从远山、农田、聚落、住宅、庭院从远至近依次展开，最后上升到隐形的乡村文化景观。这六个空间层次构成了整体乡村的视觉形象，也是人们所期待看到的视觉形态。受因地制宜的乡村景观营造思想的指导，以及技术的限制，传统乡村聚落多依势而建，尽量结合现状来进行改造，尽量减少开挖或回填，既减低了成本造价，又通过高差形成了丰富的乡村景观空间，塑造出独特的景观视觉特征（图2-1-3）。

乡村景观本质上属于当地地理、人文环境自然形成的一种适应性的文化景观，同时也反映了社会发展中，人类对自然的一种认知和改造，即通过利用自然元素表现出一定的自然风貌、人文建筑，从更微观的角度还会涉及某一地区人们生活中的方方面面。

乡村景观包含周边环境、聚落、公共空间、节点景观、街巷、住宅院落等。远山是画面的背景，提供了丰富的乡村生产生活资源。住宅为乡村生活的核心，街巷、水系、池塘都是村落居住文化的展现和传承。乡村田园中的动物、植物、土地、农具等成为生产重要的构成元素。乡村庭院是住宅外围的连接空间，成为私密与公共的边界，在这里能感受到最真实的乡村生活景象。乡村文化景观是乡土的显性表达和隐性传承，传递着生生不息的"乡情"。在乡村景观设计中，应把握好空间层次的营造，依照不同的地理条件基础，营造"你中有我，我中有你"、层层展开的景观视觉意象，构建丰富的乡村景观图像。

（3）场景复现

乡村，沉淀着浓浓的乡愁，生活是乡愁的记忆。德国著名后现代哲学家沃尔

图2-1-4　乡村宴席

夫冈·韦尔施（Wolfgang Welsch）1998年出版的《重构美学》中提出了"生活美学"这一概念，消解了生活与美之间的边界，生活的活动内容也成为新的美学形态，真实存在的人类活动都将丰富人类美学的内容。他还认为美学必须重构，美学必须超越艺术和哲学问题。"生活美学"的提出将高深的美学从抽象的观念中带入了日常生活。乡村生活场景的记录，呈现出来的是发生在乡村中的人的"场景化"的画面，构成了人们对乡村生活的记忆片段，在乡村景观设计中可以适当再现或复原这些生活场景，将最真实、现代性、生活化、人情味的部分以恰当的方式在作品中展现（图2-1-4）。场景的展现不能完全存在表演的成分，这就要求原居民达到一定的比例才能真实再现，杜绝"博物馆式"的建设。同时，规划时需要留出更多的公共空间以满足营造的需求，还需结合不断变化的生活方式，留住有生命力的核心部分，去除糟粕，进行整体塑造。

"故人具鸡黍，邀我至田家。绿树村边合，青山郭外斜。开轩面场圃，把酒话桑麻。待到重阳日，还来就菊花。"孟浩然的《过故人庄》描绘了美丽的山村风光和平静的田园生活，面对场院菜圃，把酒谈论庄稼，亲切自然，富有生活气息，畅享山村生活情趣。范成大的诗句"小童一棹舟如叶，独自编阑鸭阵归"中，村庄里已经袅袅升起了淡淡的烟霭，暮色由远及近，小河之上孩童驾舟，赶鸭归来，充满生活的意境之美。随着科技的飞速发展，"无所不能"的智能化产品、电子支付让生活无比快捷，当人们享受着科技带来的便捷之时，又会陷入虚拟之中，而对于真实存在的生活疏于感知和体验。现代人在科技面前已经失去了交往的能力，即使是面对面坐着的人也在通过手机去交流，人类逐渐失去了情感互动的体验。在"体验经济"的时代，乡村真实的生活化正成为旅游经济的巨大吸引力，游客更愿意走入乡村体验乡民每日的日常生活，寻求在情感、知识等方面的内在体验。房前种树，屋后栽花，院落中的猪圈、马圈、拉秋收的马车，无不是乡村生活景观中最靓丽的风景。水井、碾子、石磨、石槽、手推车等传统的农具都在诉说着过去的故事，承载着太多人的情怀和记忆，乡村生活空间以乡村居民的日常生活为主线，传递着乡村文化的信息——上千年的民俗文化、生活方式、传统节庆等，诠释着深厚的乡土底蕴。乡村景观营造上应力求营造将生产和生活融为一体的"农业生产景观"和"农民生活景观"的复合景观，保留幸存下来具有生活生产功能的农业元素，将已经失去时代功能的农具通过设计改造赋予其新的生命（图2-1-5）。

（4）肌理质感

① 聚落肌理

肌理一般指具体物质构造上排列组合呈现出来的表面特征。艺术家和设计师往往从物质结构中吸取灵感，关注物质表面肌理并应用于作品之中，表现更为细腻的视觉效果（图2-1-6）。肌理的各个单位在设计要素上表现为空间尺度、组成关系和形态特征等内容，比如勒·柯布西耶（Le Corbusier）就在阳光城的设计中将之与巴黎、纽约等城市肌理作了比较。

罗杰·特兰西克（Roger Trancik）总结了20世纪以来各类基于传统城市设计的理论和研究，针对城市的物质空间提出了3类城市设计理论的模型：图底理论（figure

图2-1-5　石磨被赋予新的功能

图2-1-6　浙江兰溪八卦村

ground theory）、连接理论（linkage theory）、场所理论（place theory）。诺利（Nolli）"罗马实空地图"是研究肌理的经典案例，地图中表达了图与底的关系。图底关系的研究是研究乡村景观肌理的核心方法，即在二维抽象的平面图形里，空间结构和空间秩序可以由白与黑的基础结构组成，黑色是"图"用来表达建筑物，白色是"底"用来表达街道、庭院和其他公共空间（图2-1-7）。肌理在空间组合上呈现出不断重复和发展变化的韵律关系。

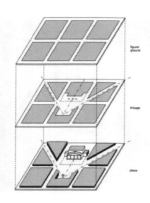
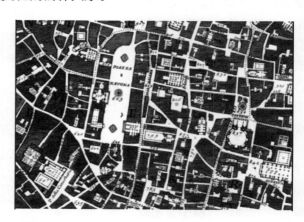

图2-1-7　诺利地图

传统的乡村肌理格局，由于受到传统文化和礼教的影响，最初的肌理单位具有显著的相似性。对比中西方的乡村景观肌理，中国乡村图底肌理更加真实地反映了农耕文化的特征，具有强烈的围合特点，即使在当前的乡村建筑营造上，依然呈现这样的特点（图2-1-8）。乡村设计中，更加需要关注聚落空间肌理关系。乡村聚落丰富的肌理形态源自发展过程中受到地理、气候、经济、制度、信仰、宇宙观等因素的作用，是地域文化景观的一种表现形式，是体现乡村传统风貌的重要表现形式和承载实体。然而，目前的新农村建设单方面强调了村庄的空间集约化，常常忽略了乡村空间肌理延续。乡村景观的保护就应该从保护当地的乡村空

图2-1-8　对比中西聚落肌理的差异

间肌理开始，延续聚落肌理的特征，复建构成乡村景观肌理的要素内容：恢复并延续村落的交通肌理，恢复重建聚落内祠堂、水井、学校、书院、戏台、古树等重要的肌理节点，在适当的空间加入小尺度的公共广场等活动空间以符合现代生活的需求。农田肌理也是重要的聚落肌理，前田后宅的传统布局应尽可能地保留。在当前土地资源整合的趋势下，农田肌理的大尺度、机械化耕作成为必然，此时应保持传统聚落的核心区域农田的小尺度发展，以保留传统的景观意象。

② 建筑单元肌理

建筑单元肌理是聚落空间肌理的重要组成部分，乡村建筑的营造取材于当地的自然石材、砖瓦、木材等，表现出和周边自然环境融为一体景观形态，塑造质感强烈的地域景观风貌。建筑物最早出现在乡村聚落中，阿尔多·罗西（Aldo Rossi）定义建筑出现的原始形态，是"某种经久和复杂的事物，是一种先于形式且构成形式的逻辑原则"。前人选择建筑材料是根据自身的条件判断的，之后才慢慢发展成为一种文化现象。乡村景观会随着时间的推移不断自我复制和异化，形成稳定的空间关系，并投射出乡村社会生活的景观特征，且相互影响。乡村建筑的肌理可以从空间构成的多种元素中辨识和感知，首先独特的院落布局是中国乡村的共同选择，南方的院落如江南合院建筑、云南一颗印、客家围屋、闽南地区的"古厝"等，北方的院落如山西的大院建筑、北京的四合院等，建筑单元都具有明显的院落特点，院落与建筑又形成了良好的比例关系，这样的肌理关系反映了建筑对气候的适应和文化上的寓意；其次建筑上的辨识图形符号也是肌理的重要内容，如门的样式，四合院的影壁、垂花柱，院落的廊道、廊桥，村落内的水圳，门前悬挂着的风水镜（图2-1-9），救火的石缸，花池等，这些建筑单元肌理构成了乡村建筑肌理的元素，被人们深深记忆。乡村建筑肌理是遵循了当地风貌和性格而形成的相对统一的建筑形态，它的形成来自当地民众共同创造和相同的审美价值观。除了以上构成元素之外还有建筑的外墙材料、铺地材料、砌筑材料等都能被人近距离触摸和感知其肌理质感。如甘肃庆阳市毛寺村生态小学（图2-1-10），作为一个慈善项目，设计师基于节约成本的原则使用生土材料建造，就地取材，利用当地自然元素，如土坯、茅草、芦苇等，继承了当地传统的营造方式，施工人员全部由本村的村民组成，使用适当的科技元素介入结构之中。建成后的教室的室内气温始终保持着相对稳定的状态，可谓冬暖夏凉，景观形态与自然融为一体，并拓宽了孩子们的活动场所，值得在乡村景观设计中借鉴。

图2-1-9 南方乡村常见的门头风水镜

图2-1-10　甘肃省庆阳市毛寺村生态小学

2.1.2　景观功能环

（1）产业重构

　　俞孔坚认为："景观是行为的容器，只有能够满足行为需要的景观才是真正有价值和生命力的景观，否则最终会为人们所抛弃。这一现象在中国的旧城和许多传统村落的保护及旅游开发中显得尤为突出。"农业工业化趋势导致人口居住集中，新乡村出现且规模逐渐扩大。与此同时，成千上万的小村落被废弃并逐渐消失。笔者有一次去山西太原附近的村落考察，驱车在路上，看见大大小小的村落鲜见有人居住，停车步入一个村庄，夯土窑洞已经破败不堪，村里的各种功能设施尽失。此类"空心村"在中国普遍存在（图2-1-11），数据难以统计。面对空心化严重的情况，2018年中共中央办公厅、国务院办公厅印发

图2-1-11　留守"空心村"的老人

了《关于引导农村土地经营权有序流转发展农业适度规模经营的意见》，这将是我国土地政策的一次重大的变革，即农村土地资源的大整合，确权和承包延期为土地交易打通了障碍，而闲置土地等被浪费的资源将被重点整顿和利用。届时乡村景观也会发生巨大的变化，土地被集中利用起来，会出现大规模的农场景观和乡村社区。随着新就业机会的到来，原有的乡村社会结构将改变，信仰与文化将更加多元。同时，乡村将产生一系列如休闲、娱乐、教育、旅游等的新功能与服务。

（2）乡土营造

20世纪60年代，伯纳德·鲁道夫斯基（Bemard Rudofsky）在纽约现代艺术博物馆主持展览，他首次提出了"乡土建筑"的概念并随后出版《没有建筑师的建筑：简明非正统建筑导论》，书中冲破了传统狭隘的建筑历史研究，在建筑研究中引入日常性，使建筑向日常生活回归，更加关注普通、世俗、感官、天然、粗野的形态语言。书中介绍了大量世界各地人类创造而没有经过建筑师设计的传统乡村建筑景观，如黄土高原上的生土窑洞、热带雨林中的高脚竹楼、严寒北极的冰屋、西非和南亚的苇草泥屋等。这些乡土住宅是在没有建筑师的指导下，村民以自己的智慧，取材地域，为应对气候环境效应而建。

中国传统的乡土营造正慢慢变得模糊，乡村建筑失去了传统，营造出不知所云的建筑语言符号。中国的乡土营造思想基础和表现方式均有别于西方国家，在世界文明建造体系里独具特色，聚落和建筑之中凝聚着深厚的宗教信仰、家族信念和文明传承。而乡土营造中又富含生态文明的生活方式，其核心价值是与农耕文明下的生产、社会制度融为一体。人们在乡村为生存而聚居，曾经的乡村生产生活呈现出生机勃勃的景象，而当下乡村的凋敝更多的是产业的凋敝，政策的遗忘、城市化的发展、农业的低价值回报、大量学校撤并、医疗的匮乏都让人们宁愿放弃乡村生活，走入城市（图2-1-12）。

图2-1-12 失去灵魂的乡土营造

传统乡土文化在当前是文化中最薄弱的部分。走进乡村，随处可见的生硬丑陋的混凝土房子与自然格格不入，更不能和古人的审美情趣相比。乡土和科技并非简单的二元对立关系，用科技去否定乡土文化，去抹掉地域传统必将导致乡村失去灵魂而机械地存在（图2-1-12）。未来的营造不能否定科技，也不能丢下传统，因为多元的文化组成了世界丰富多彩的世界。乡村景观设计师要找到出路，应真正走进乡村，研究产业，研究村民到底需要什么样的房子，研究年轻一代人的需求，让人们能真正栖居在乡村。振兴乡村更多地需要改善乡村生活条件，适应时代的发展，结合科技，建造更多的公共设施，完善教育、医疗、养老条件，完全讲情怀只能拿来做做旅游文章，最终还是难以真正发展乡村。

（3）公共空间场景化

公共空间的概念源自西方社会，从近代城市空间发展而来，泛指街道、广场、公园等场所。乡村公共空间由村入口、古树、晒场、庙宇祠堂、古井、桥头、老戏台、街巷等空间组成。乡村中，每一个具体的空间都有很多不同的功能及文化内涵，如古树是生产生活空间，也是乡村人的信仰空间（图2-1-13）。在很多人的印象里，古树还是充满活力的社交场所，这里蕴含着不同的文化内涵和交流方式。祠堂是信仰空间，也是乡村里重要的公共空间。节庆祭祀活动都围绕着公共空间开展，这些活动构成了乡村重要的生活元素，留下了深入人心的乡村场景化的生活图像。在一些地方，为了发展乡村旅游，刻意打造出一些场景，雇佣村民在里面演出，这些往往不是人们需要的真实的乡村文化。

公共空间的重塑、保留和重建具有话题感的空间元素是乡村景观建设的迫切要求。传统乡村的古井旁就是村民交流的重要空间，话题来自于家长里短，取水和洗衣成为功能的需要，有些地方的井水还可以直接饮用。户户通自来水后，古井的功能退化，甚至被当作不安全因素被填埋。那么，在这个急速发展的时代是否还需要这样的空间？笔者在乡村考察时，经常会遇到一些老人家坐在村口的大树下、祠堂的门口、自家门口的街巷边，看着来往的人，观察和寻找话题，尤其是当村外的人进入时，他们会表现出对话题更强烈的渴望，主要原因是老人们感受到流失了年轻人的乡村生活低调无趣，渴望交流获得话题，同时闯入的游览者也期待能够得到更多的乡村信息，而乡村公共空间的恢复和

图2-1-13　古树祈福

重建架起了一座历史和空间对话的桥梁。场景化的生活建立在日常生产生活和地方文化习俗的基础上，反映出人们共同的价值认同。乡村景观设计立足于保留和还原场景化的设计理念，不仅仅是展现视觉上的图像，更重要的是为村庄留出更多的可交流的空间环境，带来相互之间的话题。比如URBANUS都市实践在山西芮城五龙庙环境整治设计中，恢复了乡村交往的公共空间，加强了场所的凝聚力，使村民重新聚集，为当下农村精神价值的重塑创造出契机（图2-1-14）。

图2-1-14 交往场所重新凝聚村民

2.1.3 意境环

日本建筑师藤井明用20多年时间调查了世界40多个国家的500多座聚落。他认为聚落的美和生命力源起于聚落中群体的"共同幻想"，这种幻想是聚落中群体共同遵守的制度、信仰、宇宙观等，不同的幻想造就了聚落不同的个性和美的异质性。意境是属于主观范畴的"意"与属于客观范畴的"境"二者结合的一种艺术境界。如果园林形象使游赏者触景生情，便会产生一种情景交融的艺术境界。乡村景观意境表现下的乡村聚落不单是一个物质的居住空间，更是一处精神场所。中国五千年的社会环境渗透着浓厚的人文环境，体现了中国文化中的特质。魏晋伊始的士大夫们终极的文人趣味表达出对自然山水的热爱，对乡土生活的向往。乡土景观是文人意境的源头，具有更为广泛和旺盛的生命力。隐者避世的情怀深入人心，在现代，返璞归真成为人们居住环境的向往，乡村景观成为真正的人生"桃花源"（图2-1-15、图2-1-16）。

图2-1-15　西塘古镇　　　　　　　　　　　　　图2-1-16　漓江渔火

　　乡村景观除了对中国自然山水意境的感知外，其意境还表现在对乡愁的表达。中华民族的历史是一部充满乡愁的历史，历朝历代反映"乡愁"的诗歌不胜枚举。早在《诗经·小雅·采薇》中就有："昔我往矣，杨柳依依；今我来思，雨雪霏霏。"贺知章在《回乡偶书》写出游子感伤诗句："少小离家老大回，乡音无改鬓毛衰。"王维《杂诗三首》里有："君自故乡来，应知故乡事。来日绮窗前，寒梅着花未？"最为被人时常吟诵的是李白《静夜思》："床前明月光，疑是地上霜。举头望明月，低头思故乡。"元统一后战乱不断，为避乱世北方文人背井离乡地南下，马致远在《天净沙·秋思》中写出："枯藤老树昏鸦，小桥流水人家，古道西风瘦马。夕阳西下，断肠人在天涯。"其中道出了国家民族命运和士大夫们的亡国之苦。近代席慕蓉的散文诗《乡愁》以及余光中的《乡愁》都表达了游子对故乡恋恋不舍的情怀。"乡愁"是中华民族亘古不变的情怀，体现了国人对故国家园的深切眷恋。重土轻迁的中华民族将国家情怀和个人情感融于乡村的文化记忆之中。2013年，《中央城镇化工作会议公报》上用诗意的文字，提出"让居民望得见山、看得见水、记得住乡愁"的乡村建设思路，引起了社会各界的共鸣和热议。乡村是诗意的情感和心灵的居住地，作为地方文化符号的乡村景观，浓缩了一个地方的文化认同和图像形态，设计中应挖掘隐藏着的历史文化、人文景观，提高居住者的幸福感，留住乡愁，升华其内涵，借乡村景观形态触发人的共鸣。

2.2　乡村景观的设计原则

2.2.1　模式的选择

　　自2013年全国开展"美丽乡村"的建设实践以来，涌现出一大批各具特色的乡村建设模式。每种模式的选择体现了乡村各自的自然资源禀赋、产业结构和经济发展水平。中国的土地制度划分为城市和农村两种不同的土地管理制度，土地实行社会主义公有制，即全民所有制和劳动群众集体所有制。其特点是土地所有权禁止转让，土地使用权可以依法转让，农村土地属于集体所有，国家为公共利益的需要，可以依法对集体所有的土地实行征用。土地制度决定了现行乡村开发模式的选择，这是最关键的一步，不同的模式决定了不同的景观形式。乡村景观设计可归纳为八大建设模式：环境改善模式、乡土传承模式、旅游休憩模式、地产开发模式、产业发展模式、乡村酒店模式、艺术营造模式、多元一体开发模式。

（1）环境改善模式

当前国内乡村建设的模式以政府主导为主，投入大量资金用于修路、管线改造、危旧房整修、传统民居保护、乡村公共空间营建等乡村基础建设。

河南信阳郝堂村由平桥区政府财政投入并引入乡建院的理念进行建设，在对乡村环境的改造中，农民作为建设的主体，参与其中，他们力求把乡村建设得更像乡村，不砍树、不填塘、不拆房子，使村庄农田的肌理都保持不变，将破败的地方稍加修整，留住了乡村特色。改善环境从垃圾处理开始，村规约束村民不可随处乱扔垃圾。同时，村里建厕所、沼气池，利用资源改善环境。每年秋收后田里都要撒下紫云英以修复土壤，为来年田地增肥（图2-2-1）。

为了激励年轻人回到村里建设家乡，郝堂村自办茶社、农家乐、超市，还有有机农业的种植。2009年成立的郝堂村夕阳红养老资金互助社，是由有爱心的年轻人发起的，以老人为社员的互助合作金融组织。村民和其他合作经济组织要发展生产，以土地、房产、林权等资产做抵押，便可以向互助社老人申请贷款，利息收入主要用于给老人分红。村里集体成立了绿园生态旅游开发公司，之后又成立了回乡青年创业合作社、农家乐合作社、茶叶合作社等组织，村民共享乡村发展带来的收益。郝堂村的发展建设从决策到实施与运营管理，村民参与的程度高，属于自主高效的建设模式，值得在乡建中推广。

（2）乡土传承模式

如上一章介绍的王澍在富阳文村的营造，同样在富阳，由Gad设计团队操刀，历时两年余，对东梓关村核心长塘周边39幢古建筑进行了整治改造，重新诠释46幢杭派民居回迁房，恢复传统村落的原真性和多样性。东梓关村中部分原住民长期居住在年久失修的历史建筑中，为了改善居

图2-2-1　河南信阳郝堂村

住与生活条件，政府牵头邀请Gad设计师团队打造具有一定推广性的新农居示范区。设计的目标是恢复传统院落肌理，在设计理念上和王澍的文村有很多相同的地方。从传统院落空间到组团式单元，再到村落的生长模式，与传统乡村肌理的发展关系相吻合。在120平方米的占地面积限制下，设计团队确定了两个尺寸的基本单元：小开间大进深（11米×21米）和大开间小进深（16米×14米），每户间距在1.6～3.2米不等。设计重新恢复了传统住宅与院落的关系，在低造价的限制下，以现代的形式语言重构传统元素，塑造出了传统江南民居的神韵和意境：黑白灰的构成关系，曲线的屋顶，立面被隐藏的落水管，方窗上现代感的木质格栅、通透的花格砖墙，在提炼的基础上加以重塑，以强调邻里间的交往（图2-2-2）。该项目为东梓关村带来了复兴的机遇，乡村旅游重新兴起，原住民回归，同时有多家设计公司工作室入驻。

图2-2-2　杭州富阳东梓关回迁农居

（3）旅游休憩模式

乡村休憩是感悟一种精神、体验一种生活方式，是经历一场回归自然、返璞归真的生活之旅。从2007年的"裸心乡"到"裸心谷"（图2-2-3）再到2017年的"裸心堡"，德清莫干山的洋家乐作为设计简单、色调素雅的高端民宿集聚地，10年间孵化出各类民宿600多家。设计师将老房子重新打造，把现代城市需求和乡土资源结合起来，走出了一条保护并传承的崭新道路。洋家乐学习和借鉴外国人的低碳、休闲度假的生活理念，创新地推出App，成立网络交流社区，营造更多的社交化体验。村里的基础设施非常完善，每家酒店风格不同，但都提供非常周到的服务。乡村旅游休憩模式不同于早期的观赏购物模式，这突出地表现在服务与互动体验上，对环境品质有更高的要求。

（4）地产开发模式

阳山田园东方位于江苏省无锡市阳山镇，是一个资本运作下的田园地产开发、农业旅游、生态农业综合体，其以"市集"为主题，旨在活化乡村，赋予旧乡村新的活力（图2-2-4）。选址在拾房村旧址，选

图2-2-3 裸心谷酒店

取了十座旧房子进行修缮和保护，保留了村落传统的肌理形态，村落里的古井、池塘和大树都一一保存。"市集"内开设有田园生活馆、饗·蔬食主题餐厅、井咖啡、窑烧面包坊、圣甲虫乡村铺子、拾房书院、原舍民宿、华德福学校、绿乐园、白鹭牧场等各类与生活密切相关的业态，完整还原出一个重温乡野、回归童年的田园人居生活状态。田园核心区内以生态蔬菜种植为景观，并增加了更多的农业体验项目，也给居民带来了绿色的食材。

图2-2-4 阳山田园东方综合田园开发

（5）产业发展模式

广西华润百色希望小镇由自治区政府与华润集团签订扶贫协议而进行打造，小镇位于百色市右江区永乐乡西北乐片区，农业人口400左右，是国家划定的重点贫困地区，圣女果、芒果、西瓜及秋冬蔬菜是小镇主要的农作物种植品种。建设之前，乡村设施破败，道路硬化率几乎为零，农宅质量低下，没有合乎卫生标准的供水系统，没有污水污物排放系统和垃圾收集系统，医疗卫生条件差、能力弱，

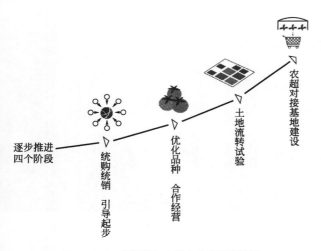

教育投入少、水平低，整体居住环境较差。建设涉及"生态环保的市政基础建设""齐备的公共配套设施"和"和谐的民居改造"三方面，采用低价、低技术建造方式、生态环保的低碳原则，由华润集团帮扶乡村发展，成立华润慈善基金，以捐款和吸引合作伙伴的形式参与建设，鼓励村民共同建设乡村，并由政府配套建设综合服务、文教、医疗设施和农贸市场等。同时，华润引入城市

图2-2-5　华润百色小镇产业帮扶四阶段

物业管理理念，引导农民成立"润农农民专业合作总社"，搭建产业帮扶平台，通过"统购统销、引导起步""优化品种、合作经营""土地流转试验""农超对接基地建设"四个阶段开展了百色希望小镇产业帮扶工作，形成了产业培育和环境改善多元一体的产业发展模式（图2-2-5）。

产业振兴是实现乡村振兴的首要与关键，产业的科学、持续的发展才能为乡村注入源源不断的生命力，吸引更多的人留下来建设乡村，达到人才振兴的目的。现代农业的产业融合，应打通生产、流通、销售各个环节，实现一体化发展，建立高效的生态农业，营造良好的乡村环境，引导、组织村民在建设中发挥主动性的作用，强化其在乡村发展中的主导地位，建立新型的乡村社区。

（6）乡村酒店模式

2014年，"外婆家"餐饮的创始人吴国平以6000万元的价格租下了金华浦江县的马岭脚村，将其整体改建为民宿酒店，即"不舍·野马岭中国村"民宿项目。该项目的目标人群是城市高端消费者，项目分为两期，一期以改建为主，设计中保留了具有600年历史的乡村聚落布局，以及原始的老宅形态，二期为新建的客房外墙，基本保留村落的原始肌理，调整了使用流线，为拓展功能的需要增加透明的玻璃盒子，将现代与传统有机地结合在一起，新和旧混合共存，项目将靠近路边的老宅设计为公共餐饮区，将依山就势的夯土房改造成客房使用，车停在村外，入村必须步行，野马岭村被改造成一个拥有自然山水、鸟鸣、溪流的静谧村落酒店（图2-2-6）。

法云安缦位于杭州灵隐寺边的法云村，此地历史悠久，在唐代就开始有人居住。2005年底，在政府主导下，法云古村原有住户近400户迁出了古村，由中国美术学院风景建筑设计研究院设计了法云古村50幢单体建筑。2008年，新加坡的安缦酒店集团介入法云古村的开发设计，基于保留古村特色的商业开发，安缦居

的专用设计师——贾雅·易卜拉欣（Jaya Ibrahim），将黄土作墙，石砌房基，设计了5个房型、42间客房，每间屋子都是独立庭院，保留乡村原始的居住形态。木窗木门、白墙黑瓦的古居另有一番风味。法云安缦位于进香古道之上，周围散落着五座庙宇，并有最好的龙井绿茶产地，沿路古木林立，竹林溪水，一派江南民居风貌。游人依山傍水听雨观云，仿佛身在山水画中（图2-2-7）。

图2-2-6　不舍·野马岭中国村

图2-2-7　法云安缦

　　乡村酒店模式成为乡村振兴的一种新的模式，激活了村落。如北京密云北庄的山里寒舍，将一座古村落改造成乡村生态酒店群，保持乡村的原始风貌，实行现代化的管家制服务，游客可以在这里体验自然与酒店相融合的生活（图2-2-8）。

阳朔的云庐酒店位于兴坪古镇杨家村,由五座独立的泥砖房改建而成。房子保留了原建筑的木结构、黄土墙,屋顶上透光的亮瓦与现代生活元素相结合。云庐内还建有咖啡馆、图书馆、瑜伽室、画室、禅修馆以及会议、餐厅、茶道间等(图2-2-9)。

图2-2-8　北京密云北庄山里寒舍

图2-2-9　阳朔云庐酒店

(7)艺术营造模式

艺术与乡村共振模式是当前比较好的模式,即乡村为了发展的需要,主动吸引艺术家前来或自发进行在乡村的创作,由外来艺术家带动本地居民共同创作,改变乡村风貌,达到环境改造、旅游营销的目标。日本和中国台湾地区的艺术营造乡村活动起步较早，现在已经发展成熟。中国大陆地区以"许村计划"为先，以激活乡村为目的，艺术家渠岩从乡村历史空间找到艺术创作的原动力，以自己的行动与许村进行互动式的创作。在不断改造和完善之后，许村国际艺术公社建成，大量艺术家进入许村创作，并吸引了旅游者前来参观（图2-2-10）。之后，2011年策展人欧宁和左靖在安徽黄山碧山村，召集了艺术家、建筑师、导演、设计师等启动了"碧山共同体计划"，并首先策划了"碧山丰年祭"，与民间艺人一起展示乡村工艺作品，并举办研讨会，探索徽州乡村重建的新的可能。另外，还有围绕文化旅游、艺术展演的南京慢城金山下的非常艺术小镇，以艺术院校大学生创业为核心的成都洛带创客基地等都是较成功的艺术模式乡村营造。

图2-2-10　许村国际艺术公社地图

　　2015年5月，美国南加州大学建筑学院院长马清运来到庐山南麓，与中航里城合作的庐山归宗项目落地于此，并将项目内村落改名叫"灿村"。项目从传统村落改造开始，开展有机生态种植，复原传统民间艺术，以农业联结聚落，打造陶渊明笔下"归园田居"的意境乡村（图2-2-11）。尽管灿村是个旅游度假综合体项目，但民间艺术、设计师民宿作品、文创集市、匠人作坊在项目中占有较大的比重。随后，项目又邀请美国南加州大学学生来到灿村开展村落改造的课题设计研究，邀请中国民艺专家管祥麟在"灿村"再现江西在地的民间手艺，与南昌大学合作研究本土文化艺术等。

图2-2-11 庐山归宗·灿村

（8）多元一体开发模式

南京石塘村因大力投资建设基础设施，集旅游、文化、社区和产业多元于一体，并有智慧农业、运动康体、影视传媒、科技孵化、艺术设计等相关配套产业，被评为"全国美丽宜居村庄示范"。石塘村借助大数据模式，向智慧旅游方向发展，让旅游服务更加精准和智能化，为游客提供深度的交互体验。在产业上，石塘村打造创客空间，营造更好的创业环境，将自然风光秀丽的小山村发展成为充满现代科技感的互联网小镇。石塘人家属于以政府为建设的主体，以国家建设"美丽乡村"为契机，以"乡村旅游示范村"的创建工作为目标而建设的多元一体的开发模式（图2-2-12）。

浔龙河小镇项目地理位置优越，近长沙市，前期由政府从多方面介入，将其打造成政策试点项目。项目分龙之谷、田之歌、绿之园三大功能区，形成"九园一中心"的生态旅游布局，由村民、政府、市场三家共同建设形成合力。政府积极推动基础设施建设，村民集中居住区基础设施资金由地块内土地收益和国家城乡一体化项目资金进行投入。企业负责市场运作，村民集中居住搬迁的安置资金来自于土地收益返还金。浔龙河小镇通过激活乡村资源价值，实现了乡村投资收益。

图2-2-12 南京石塘村互联网会议中心

小镇发展以企业为主体进行建设，当地政府任命企业法人为村支书，形成村企合一、经济与社会事务分离形式的资本运作型结构（图2-2-13）。

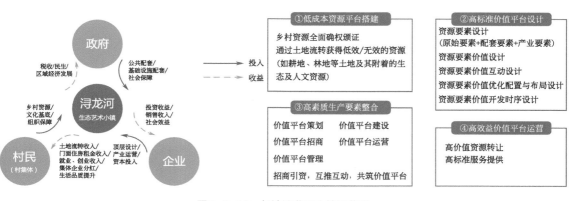

图2-2-13 长沙浔龙河小镇运营图

2.2.2 未来乡村景观的发展模式

（1）产业庄园式乡村

面对未来，快速的城镇化过程和土地制度的调整带来的是乡村生产方式的转变，乡村产业庄园将陆续出现，乡村土地被集中起来高效利用，农民重新成为农业庄园的主人或者被雇佣者。产业化的农业生产方式带来的是农业经济高效、快速的发展，生产、研发、旅游为一体的乡村庄园大量出现在中国的乡村，带来的是乡村景观由以往零散分布、小而秀气的田园景观，变成集中、完整、宏大的乡村景观。欧美发达国家由于工业革命完成较早，机械大生产很早就带来了产业庄园的发展。在美国，整片的大农场庄园形成了独特的乡村景观。我国在未来10～20年也将逐步出现产业庄园式乡村。北方地区由于土地资源丰富、土地平整而具备机械化耕作条件，已经出现了一批产业庄园式乡村，如高端度假主题的北京张裕爱斐堡酒庄（图2-2-14），现代农业公园主题的中牟国家农业公园、兰陵国家农业公园，特色产业庄园主题的北京蓝调庄园、洛阳中国薰衣草庄园、云南柏联普洱茶庄园等。

产业庄园式乡村依托现代农业，打造复合式的农业产业与乡村田园休闲度假区，建立现代农业品牌，提供观光、休闲、度假等多种产品，成立专业团队管理旅游工作，服务于乡村旅游，形成独特、高品质的庄园体验，村民被集中安置并

图2-2-14　北京张裕爱斐堡酒庄

图2-2-15　蝴蝶与奶牛共存的飞牛农场

受雇于庄园，同时积极引入社区组织，激发村民的参与热情。日本和中国台湾地区农业受到工业和商业的冲击，逐渐萎靡，为了寻求农业转型，较早地开发了产业庄园与旅游度假区。随着城市交通网络的发展，一些大型企业逐渐转移到城郊的乡村地区，围绕这些企业的相关供应链也会转移到同一区域，形成产业园区，大量就业人口进入带来的是乡村居住社区的涌现。随着农村土地交易形式的改变，这些产业园不同于政府主导的集中产业园区，表现出来的是诞生独特的产业村庄，形成新型的乡村景观模式（图2-2-15）。

（2）乡村博物馆式乡村

以旅游开发为特征的乡村博物馆模式，通过新建或者利用邻近城市的乡村整体改造，以传承乡村农业文化或者民风民俗为目标，集中展示乡村非物质文化。此类模式突出艺术、人文等方面的特点，从最开始的展示叙事逐渐发展到互动体验的旅游模式。距离桂林市区19公里的滴水人家，是一个以桂北风情、古民居建筑艺术、民间传统工艺为主题的乡村博物馆（图2-2-16）。它将古村寨整体搬迁过来，砖瓦古木都从乡村回收再利用，修缮后恢复了桂林北部汉族乡村住宅的特征，真实生动地复现了一处桂北古村落民居。景区里将传统桂北民间生产工艺作坊、民间工艺进行参与性展示，增加了互动的活动，利用文创产品销售吸引旅游者。

陕州地坑院，位于河南省三门峡市陕州区张汴乡北营村，约有4000年的历史，是世界

图2-2-16　漓水人家还原桂北乡村风貌

唯一的地下古民居建筑，被誉为"地平线下的古村落""人类穴居的活化石""地下的北京四合院"（图2-2-17）。村落全部建于地下，坚固耐用、冬暖夏凉、挡风隔音、防震抗震，形成了"见树不见村，进村不见房，闻声不见人"的独特乡村

图2-2-17　陕州地坑院景区

景观。陕州地坑院景区，在地坑院原有的基础上，将22座地坑院相互打通，引入民俗如捶草印花、陕州剪纸、锣鼓书、澄泥砚、木偶戏、皮影戏、糖画、红歌表演、陕州特色婚俗表演等，建造了乡村博物馆，将地坑院传统文化源远流长地传承下去，保留了人类文明宝贵的历史遗产。未来会有更多有价值的乡村以乡村博物馆的方式保留下来，作为人类文明的见证。结合旅游的保护是目前发展的动力，而今后也必将会探索出更多的保护方式。

（3）乡村区域公园模式

德国的区域公园模式是一种服务型的乡村景观模式，选择处于城市与郊区之间的乡村作为城乡之间的生态缓冲区和文化休闲地，可为城市居民提供一个休闲度假场所，包括住宿和餐饮服务。于是在风景资源丰富、沿线交通方便的地区的乡村就形成了不同规模的区域公园，并在20世纪90年代成为德国空间规划的重要形式。法国在第二次世界大战后已出现区域自然公园，其初衷是为了保护生态，在乡村与城市交接的区域建设生态稳定的生态系统来服务城市生活，后期逐渐成为城乡一体化的产物，促进了文化旅游的发展，提高了公民的保护意识（图2-2-18）。目前我国乡村景观设计还处于起步阶段，更多政策和发展模式有待摸索，乡村区域公园模式为此提供了一种借鉴模式。

图2-2-18　法国卡马格（Camargue）区域自然公园

2.3 乡村景观设计经验

在一些发达国家和地区，乡村景观设计主体定位准确，政府与乡村内部职能的界限明确，双方在各自职责范围内密切协作，寻找发展模式，共同促进乡村繁荣。大多数国家在乡村建设上重视产业经济、社会文化和乡村环境的综合发展，但又采取了不同的政策来协调发展。美英等国家以立法为主，采取温和式渐进的方式，对乡村持续建设；韩国模式则是以政府为主导，采取激进发展模式，促进乡村整体发展；日本以"一村一品"特色农业振兴乡村。尽管各国发展道路略有不同，但尊重农民主体地位、发挥政府扶持功能、改善农民生产条件的目标一致。

2.3.1 政策保障的英国乡村

英国政府在20世纪50年代出台"村镇发展规划"。60、70年代受到城市环境恶劣的影响，城市居民纷纷回到乡村，对乡村的环境产生了威胁，英国政府又颁布了《英格兰和威尔士乡村保护法》，大力建设乡村公园，引导公众加入乡村建设。政府严格控制乡村开发建设，大力发展种植业，保护农业田地，形成城乡一体的规划管理模式。2000年，英国出台"英格兰乡村发展计划"，加强乡村发展规划和建设，以及对土地、水、空气和土壤环境问题的监督管理。2004年，苏格兰颁布了《苏格兰农村发展规划政策》。2007年，欧盟出台了《农村发展社区战略指导方针（2007—2013年规划）》，加强乡村环境保护，大力扶持乡村企业发展，创建有活力和特色的乡村社区。2011年，英国进行机构改革，设立乡村政策办公室，其在发展基础设施、提供公共服务等方面拥有较宽松的自主决策权。英国以保持乡村活力与可持续性为目标，重视乡村规划和建设，鼓励乡村采取多样化的特色

图2-3-1　英国乡村景观

发展模式。英国的乡村发展为中国提供了不少经验，其中重要的一点就是，严格的法规是保护乡村环境、延续文化景观的保障（图2-3-1）。

2.3.2　城乡等值化发展的德国乡村

德国首先围绕着乡村土地利用问题建立起一套详细的法律法规系统，自上而下地引导循序渐进型的村庄更新活动。更新治理是一项长期的工作，德国政府通过法律的约束，引导乡村建设。《建设法典》是对乡村建设用地和土地用地做一系列的约束，引入公众参与建设，严格约束建设范围，保护乡村的景观风貌。1954年《土地重划法》有计划地对乡村空间结构进行了调整和利用，包括乡村水资源的利用、房屋建设的要求、景观的建设和维护等方面的内容。大规模的农场是土地合并后的产物，农场发展农业机械成为必然，并形成了新的乡村景观。1976年，政府在总结经验后重新修订《土地整理法》，明确以保持德国乡村的地方特色、改善基础设施作为乡村发展目标，立足保持乡村原有文化形态和重视生态发展，提出"村庄即未来"的建设口号。在德国，乡村可媲美城市的现代生活水准，交通便利，公共配套设施一应俱全，1965年，德国颁布《联邦德国空间规划》，明确提出了"城乡等值化"，在城乡生活水准等值的前提下达成区域之间有益的互补，吸引更多人留在乡村生活（图2-3-2）。之后，不断加入更多的科技生态元素在乡村更新活动中，生活给排水、风能和太阳能、雨水处理都实现了可持续发展。

图2-3-2　城乡等值化发展下的德国乡村

2.3.3　城乡一体发展的美国乡村

20世纪初由于城市中心人口拥挤，加上汽车工业的发展、家庭汽车的普及，美国通过城乡一体化的发展策略推动乡村设施的建设，美国的中产阶级大规模向城市郊区迁徙，产生大量的郊区别墅（图2-3-3）。通过分流城市人口来推进乡村城镇的发展，美国经验值得我国借鉴。美国乡村有着完善

图2-3-3　美国的乡村别墅

的管理体制和规章制度，能够对经济社会进行统筹监管，并重视生态、文化、生活的多元化发展，这样的城乡一体化让美国成为世界上城市化水平最高的国家。

美国乡村受法规的约束需遵守严格的功能分区制度，明确划分土地使用类别。在城乡一体的理念下，政府对于乡村基础设施有着严格的要求，整体建设过程中必须保证"七通一平"（给水通、排水通、电力通、电讯通、热力通、道路通、煤气通和场地平整），规划时明确景观区和绿化带的功能，环境保护也是规划建设的重要内容，由政府和开发商共同承担乡村建设费用。

2.3.4　集约式发展的荷兰乡村

荷兰国土面积仅为4万多平方公里。由于国土面积小，土地资源匮乏，20世纪50年代，荷兰政府颁布实行了《土地整理法》，后又通过《空间规划法》，明确乡村的每一块土地使用都必须符合法案条文。通过对现有资源整理，避免和减少农地利用的碎片化现象，寻找地区优势，精简集约式发展，荷兰已经成为世界第二大农业出口国。对乡村精细化耕作带来的是经济效益的提高和生态环境的保护，整齐划一的乡村田园风光也推进了乡村旅游和服务业的发展（图2-3-4）。

图2-3-4　整齐划一的荷兰乡村景观

2.3.5 日本特色农业造村

第二次世界大战之后的日本经济萧条，大量人口涌入城市，生产力低下，农村经济面临崩溃。日本新农村建设也被称为"造村运动"或"造町运动"，村民自发组织村庄建设，政府在乡村建设中只起引导和推广作用，在技术上给予一定的支持，村民是建设的真正主体。

"一村一品"运动倡导者平松守彦为把青壮年留在农村，平衡城乡经济，发展特色农业吸引旅游者，于1979年提出"一村一品"造村的重要目标。"一村一品"包括特色农业的发展和乡村传统文化的振兴。

在艺术介入乡土、活化地域方面，日本越后妻有（Echigo Tsumari）大地艺术节开创了乡村景观激活先例，受到国内外的注目。自2000年开始，该艺术节每三年举行一次，是世界上最大的国际艺术节。越后妻有距离东京两小时车程，在城市化的影响下，地区的劳动力逐渐流出，地域的生活和文化方式面临崩坏的危机。北川弗兰所策划的三年展，艺术家与当地的农民共同创作，让这个日益衰败的乡村落摇身一变成为日本最酷的艺术展场（图2-3-5）。

图2-3-5 日本越后妻有大地艺术节

在建设特色农业方面，政府建立了农业生产基地，二次开发农产品，增加产品附加值，选拔专家教授发展农业的知识，提高农民的素养。政府还设立了农协中央会，派出指导员深入乡村指导农业生产建设，组织农产品的流通和协调销售中不当行为。农协中央会还为村民提供低息贷款和高息存款优惠，通过融资将大量资金集中起来用于乡村建设。

在快速城市化过程中，日本传统文化日渐衰退，乡村景观和文化的恢复也是造村运动重要的内容。自1966年起，日本政府每年拨出大量的经费用于保护市町村地区的历史村落、街道、古建筑、人文景观，推进了乡村文化的传承和发展。日本开展了"生活工艺运动"，立足于文化的继承与发扬，政府倡导每年主办各种生活工艺品的展销会，并出版发行《造村运动生活工艺讯息》，修建三岛町生活工艺馆，展现乡村生活工艺品的文化，提供交流的平台。挖掘农村传统文化，提升乡土文化的魅力，使传统文化保护和传承成为一种常态，充分调动了乡村社区民众的积极性。

日本是海洋性的岛屿国家，资源有限，为了保护现有的自然资源不受破坏，日本政府先后出台了《历史保护区专项法》《景观绿三法》《景观法》《城市绿地保全法》，同时还建立了以保护环境为目的的、对乡村地区农民利益提供直接补偿的制度和相关土地利用制度，重点在于对乡村、山林景观进行保护，维持生态平衡、恢复生态系统、提升产业发展的"里山"理念就是一个典范。

2.3.6　韩国新村运动

韩国在20世纪60年代，50%以上的人口分散在全国约35000多个村庄里，农村基础设施匮乏，乡村生活艰苦，城乡收入差距逐渐扩大，农村问题突出。起于1970年的韩国新村运动被认为是政府主导和支援乡村建设的借鉴模式。新村运动分为五个阶段，具体如下。

1970 ~ 1973年的基础建设阶段：政府支援水泥和钢筋、培养新村建设指导员指导建设，重点集中在道路和排水等基础建设，乡民投入劳动力共同改善乡村居住环境；第二年政府划分出基础、自助、自立三个级别的村庄，并将政府物资援助给自助村和自立村，此举极大调动了乡民积极性，使得1973年占比为1/3的基础村到1978年完全消失。1974 ~ 1976年的扩散阶段：新村运动掀起了全国性的建设活动，基础建设之后，新村运动开始关注居住条件的改善，为村庄提供信用贷款，修建乡民会馆，推荐了12套标准住宅图纸，政府动员高校教师和科技人员对各级公务人员、新村建设人员进行指导教育、推广科技知识。1977 ~ 1980年的充实和提高阶段：新村运动从开始的政府主导转为民间自发行为，畜牧业、特色农业、乡村社区经济、乡村文化得到了推动发展。1981 ~ 1988年的国民自发阶段：政府建立起来的民间组织逐渐发挥了重要的作用，通过配合政府的政策导向和财政、技术支持，乡村与城市的收入差距逐渐缩小，乡村的生活环境和文化氛围都有了大幅度的提升。1988年以后的自我发展阶段：开展国民伦理道德建设，建立社区文明和地域独特的经济模式，政府逐步将建设的主导权交给民间、交给乡民，自身负责在幕后做好规划、引导和服务工作，调动了村民的积极性。

　　韩国新村运动对我国当前的乡村建设具有非常重要的借鉴意义。韩国用不到30年的时间超越西方百年的乡村发展之路。经过新村运动之后，其乡村已经具备良好的基础设施和村庄环境，注意力也逐渐转移到乡村景观的建设和恢复上，首先制定乡村景观建设法规，如《景观基本法》《乡村景观规划标准》。2007年开始实施的《景观基本法》包括总则、景观规划、景观事业、景观协定和景观委员会等内容。法规对于规划的主体、民意的征得、规划管理都有具体的要求。同年的《乡村景观规划标准》更加明确了构成要素景观规划、设施物景观规划和色彩规划三个方面的内容，细分了资源类型等。2005年，韩国农林部开始实施"景观保全直拂制"（Landscape Direct Payment Program），专门针对乡村景观建设实施补贴制度，保护乡村特色景观，种植地域特色景观作物，每公顷补贴170万韩元（约1万元人民币），全国一半以上的农户受益于此制度。之后，补贴对象辐射到住宅、农艺、自然保护等方面（图2-3-6）。在东亚地区，日韩的乡村被视为东方乡土文化的代表，一个重要的因素是乡村文脉的传承一直延续着，这对我国当前乡村景观建设有着重要的借鉴作用。

图2-3-6　韩国城邑民俗村

2.3.7　台湾地区的"一村一品"

我国台湾地区在发展现代农业方面，从县到乡形成了现代农业管理和辅导体系，围绕"特色、科技、精细、休闲"的发展理念，按不同的区域条件进行规划布局。如早期在阳明山地区种植海芋，阿里山茶山部落、乐水部落（泰雅族）挖掘本地有山村特色的少数民族文化和农业产品，发挥自主营造作用。2006年，政府以农业竞赛的方式，鼓励乡民发挥他们的创意，让台湾农村更加具有当地的特色。台湾地区的农村注重建立品牌效应，激活村落的闲置空间，教旅游者学搓草绳、捣年糕、歌舞，并自制乐器欢迎旅游者。台湾地区的农会组织网络健全，每个农会都有自己的特色农产品，以打造区域优质品牌。如中山农业区位于冬山河的上游，之前常年受到洪水的困扰，河床上疯长的水草阻碍了水流，本地乡民按旧时的办法放牛吃草，找回了生机盎然的溪流环境，重现了萤火虫的景观。"水牛在我家"——艺术水牛拼贴及环境营造竞赛的举办，让乡民直接参与乡村景观的营造，激发出其创意潜能。以水资源为主的台湾横山头社区每年举办水资源自主营造竞赛，乡民有效利用本地资源，逐步由静态水景展示发展到动态互动水景的自然营造。同时，政府通过《环境保护条例》约束乡民的行为，并为乡民实施乡村医疗保险，实现"全民保健"，使乡村生活井然有序。

台湾地区的乡村主题鲜明、定位准确、个性突出，水果采摘、异草观赏、昆虫收藏、农场体验等让游客始终充满新奇感，如种植向日葵的"青林农场"，以香草为主的"熏之园"，种植食虫植物的"波的农场"，以兰花为主的"宾朗蝴蝶兰观光农园"。艺术体验创作如头城农场的传统项目叶拓T恤，桃米村在地震废墟上用弹簧托船打造"摇晃的记忆"。台湾乡村主题还带入很多教学的内容，如本土历史文化与当地特色资源，让旅游者能够在休闲的过程中收获更多的知识，如桃米村经过多年挖掘岛内蛙、蜻蜓等动物生态资源，创建昆虫生态文化体验休闲区，集实践、学习、娱乐为一体。在农会的帮助下，乡村成立专业合作社，分析市场经济收益，不断建立和拓展新的营销信息，设计地方特色产品。政府在建设过程中提供经费和贷款，参与规划制定完善的法律，近、中、远期的规划有力地推动了乡村景观的建设。台湾地区的苗栗县南庄乡休闲民宿区、宜兰县梗坊休闲农业区等都形成了达到一定规模级别的乡村旅游目的地（图2-3-7）。

图2-3-7　苗栗县南庄乡休闲民宿

第 **3** 章

当前国内乡村景观
的问题、应对策略
及其研究意义

　　我国乡村景观目前处于凋敝状态，亟待振兴。相关官方数据显示，我国的自然村数量从2002年的363万个锐减至2014年的252万个，短短几十年之间减少了110万个。知名作家冯骥才多年奔走于传统乡村的保护工作，在他《为了文明的传承 关于传统村落整体保护的思考》一文写道，"中国正在每天消失100个传统村落，五千年的中华民族基本处在农耕文明时期。村落是我们农耕生活遥远的源头与根据地"。中国的传统乡村在农耕时代受自然条件和生产力水平的限制，保持着良好的生态环境，民风淳朴，乡土传统文化世代延续，从未中断，蕴含着优秀的中国传统文化思想和生存哲学。

　　工业化时代带来了生活质量的提高，同时也引起了环境的严重破坏和传统文化的消失。经过四十年的改革开放，我国已经成为世界第二大经济体，目前城镇化已经达到59%，人们生活质量得到了极大提高。与此同时，以农耕文明为基础的乡村景观不可避免地逐渐萎缩和消失。汤恩比曾说："中国原是一个和谐而安静的人文世界，有高明的人生情趣，有深刻的生命情操，也有弥漫的尘世乐趣，虽然也有一治一乱的循环与反复扰攘的战争，然而却撼动不了中国人文世界内在的和谐性。"这段话深刻地描述了中国五千年封建社会文化环境下的人文世界，人文思想贯穿于整个环境之中。

　　当前我国经济高速发展，一方面，为了追求利益，人们以牺牲环境为代价，来换取短暂的经济繁荣，大量的良田沃土被吞噬成为建设用地。另一方面，以农耕文化为基础的传统乡村景观已经处于逐渐消失的状态，经过几十年无序的发展以及对城市、西方景观的盲目克隆，严重丧失了传统的地方特征。中国乡村景观环境正在经历着前所未有的巨大变革，乡村传统景观文化保护和乡村经济发展的矛盾逐渐突出，政府和学者专家们正在探索、尝试如何解决。2008年版的《中华人民共和国城乡规划法》以立法的形式确立了城乡一体化以及乡村的地位，给乡村景观的发展带来了契机。在乡村景观建设方面的指导意见主要体现在强调资源和环境的保护。景观设计从规划的编制到实施，强调对农业生产资源、自然资源、风景名胜资源和文化遗产资源等资源的保护，体现地方特色和农村特色。这突出了城市和乡村的和谐共处，不照搬城市的规划建设模式。自此，乡村的建设与保护有法可依，乡村景观也开始受到人们的关注。

　　乡村建设和我国现有的土地政策、政府主导的经济导向、生活方式的改变密不可分。中国历史上的城乡差距很小，文人墨客归隐山林的情况屡见不鲜，城乡之间能够自由流动。当下"城乡二元结构"的制度导致城市和乡村之间难以自由转化，城市高度物质化，乡村日渐衰败，青壮年流向物质丰富的城市，导致乡村无人去住、农田无人可耕的情况，以致于空心村大量出现。欧洲在20世纪40、50年代开始乡村景观方面的研究。反观欧美发达国家的乡村景观，环境清洁、空气清新、水质良好，保留着具有鲜明特色的传统住宅建筑，与城市相比，各类配套设施（电力、给排水、环卫、防灾等）完善，道路交通灵巧通畅，完全感受不到城乡生活的差距，发达国家所秉承的自然环境、经济生产、居住生活共同发展的整体有机原则，非常值得国内乡村借鉴。

3.1 观念认识落后，亟待全面调整

伴随着城市生活方式的传播，乡民开始对城市进行盲目模仿，乡村建设城市化的倾向日益严重，乡村景观、乡土文化风貌受到前所有未有的冲击，一味求新求洋，到处是大马路、欧式建筑，造成"千村一面"的状况，乡村的地方景观特色逐渐丧失。刚刚发展起来的乡村人将城市建设标准看成文明的唯一标准，忽略了传统的价值，造成自身乡土文化的逐渐消失，这是一个不良的发展倾向，已经开始引起专家和学者的重视。

乡村景观作为一种源于环境、文化自发形成的文化载体，在历史、社会和美学上的价值都是无法被取代的。目前乡村景观建设需要把握好时代特征，结合乡村传统文化和人文风尚，依托产业的发展，走出一条符合地域特色的创新之路。要落实这一目标，必须先理清目前出现的问题，发现问题并找到解决方案。

3.1.1 乡村风貌被破坏

由于环境保护意识淡薄，我们的乡村发展经历过一段推山削坡、填塘等野蛮破坏乡村风貌和自然生态的过程。而现在乡村景观的破坏往往是由于好大喜功，盲目追求宏观、气派，盲目学习城市带来的建设行为。比如，2016年福建省住房和城乡规划厅公布了一批城乡规划负面案例，主要问题是：①建大亭子、大牌坊、大公园、大广场，偏离整治重点。②照搬城市模式，脱离乡村实际（图3-1-1）。③破坏乡村风貌和自然生态。

图3-1-1 乡村照搬城市的负面案例

其实福建省在编制美丽乡村规划过程中出现的反面案例在全国各地是普遍存在的。进入被"美丽"过的乡村，水塘用封闭的石栏杆围得严严实实；大理石铺成的乡村广场、公园比比皆是；有历史的祠堂、古庙被水泥简单抹面、贴上瓷砖；新建筑在尺度和布局上都和传统的乡村聚落环境不相匹配。其实还远不止这些，在自然景观被破坏的同时，也逐渐破坏了乡村的文化景观，人与人之间的交流减少了，邻里关系逐渐淡薄，曾经热闹的节日景象也慢慢冷淡下来，城市里失去的人际关系在乡村也越来越少。照搬城市模式，脱离乡村实际，破坏乡村风貌和自然生态等问题已经脱离了政府建设美丽乡村的初衷，这种看似"形象工程"实为粗暴野蛮破坏的行为让人无比痛心，毫无美感可言。因此，我们呼吁高水平、高质量、理性地建设乡村，不给未来留下遗憾。面对这样的情况，各地必须出台严格而详细的法律文件约束乡村盲目无序的建设。美英等发达国家在20世纪60、70年代就出台了一系列明确提出或强调保护乡村景观的法令，如美国的《野地法》（1964）和英国的《乡村法》（1968），严格控制乡村建设活动，以保留纯正的乡村景观。

3.1.2　行政意识主导设计

政府行政主导在乡村建设中占绝对重要的位置，一些乡镇干部无视整体规划设计，一味追求政绩，不立足现状条件，迷信城市的发展，推倒重建"假古董"建筑，建设出了一批批形象工程。其行政意识主导设计的行为表现在以下几方面。

（1）脱离乡村实际

如上一节讨论的破坏乡村风貌的现象，归根究底还是由地方行政思想主导着，生搬硬套城市的设计方式，脱离乡村实际，僵硬地将城市的广场、铺装、绿化种植用于乡村景观设计之中。大公园、大广场、大亭子、喷泉（图3-1-2）成了政府的形象工程，而建成后往往因尺度过大而无人使用。另外，一些地区设计师为迎合检查，在不尊重地域差异的情况下，野蛮设计建设，不深入调研、刚愎自用的情况屡屡发生。比如在一些乡村，草皮、灌木等城市绿化不加考虑地大量使用，结果带来了高昂的维护成本，往往建成之后就无人打理维护，最后杂草丛生；为了迎接检查、验收做表面文章，购买一些盆栽花卉，摆设在路边；某些乡村水泥硬化过度，透水不足，导致地下水位下降。这些脱离乡村实际的做法，对于主导者来说，初衷是好的，国家投入大量资金来改善乡

图3-1-2　农村里的喷泉

村的生活环境，起到了一定的正面作用，但如果不切实际，没有科学理性的指导，将会给乡村带来二次伤害，乡村的文化景观会被再一次破坏，令人心痛。值得借鉴的是，2016年福建省住房和城乡建设厅下发《福建省财政厅关于做好美丽乡村建设有关工作的通知》（闽建村〔2016〕2号），要求房前屋后除了一定的晒场外，提倡种菜、种树绿化，提倡使用地方乡土材料，营造地方特色的建筑，将农村建设得更像农村风貌。

图3-1-3 "穿衣戴帽"后的住宅

（2）"穿衣戴帽"化妆运动

"穿衣戴帽"指对建筑物外墙、屋顶进行改造，通过统一色调、图案、装饰构件来表现一定的地方特色和建筑传统。"穿衣戴帽"化妆运动在一定时期取得了很大的成绩，使居住条件得到了极大的改善，消除了一些安全上的隐患，在一定程度上改善了乡村的视觉环境。但"穿衣戴帽"仅仅只是化妆式的运动，一些景观设施、外墙装饰件增加了墙体的载荷，会给建筑带来新的隐患。另外一些具有地方特色的旧建筑被抹上水泥、刷上涂料、贴上瓷砖，被不加区别地化妆成不伦不类的造型（图3-1-3）。不少亲身经历的村民对"穿衣戴帽"感到困惑和不理解。

政府主导的乡村环境建设应该以提高乡村的生活质量、延续文脉为目标，减少大拆大建，节约资源，将建设主体逐渐转为村民自发的社区团体，将"大一统"的改造模式变成更为精细的专项设计，在综合节能、给排水改造、空调室外机规范设置、电梯加装等方面给予技术支持，并研究协调相关的建设资金如何分担等问题。同时，加强对乡村居民正确的景观观念和美的宣传教育，激发乡民建设的主动性。

3.2 生态环境破坏严重，有待科学发展

3.2.1 生态环境被破坏

乡村生态环境被破坏的一个重要表现是工业污染正由城市向农村转移。在一些地方政府主导者的观念里，一切发展都要为经济让路，一些乡村甚至积极将排污企业引入。在快速扩张过程中，不经过整体有效的规划、论证和设计，导致基本农田被无序占用，自然水资源被污染，生物生存环境被打乱，于是乡村的生态环境遭到了严重的破坏。

　　传统乡村由于生产力低下，生活节奏缓慢，经济自给自足，人们对于自然始终存有敬畏之心，对环境的破坏程度很小。随着工业技术的发展，在改造自然、人定胜天思想的引导下，自然环境受到了巨大的破坏，而且这个过程还在继续。在大发展的环境下，乡村的耕作方式也发生了变化，现代化的农业以机械化作业，大大提高了生产效率，同时杀虫剂、除草剂、膨化剂、催熟剂等化肥农药广泛使用，带来的是对生态环境的破坏，乡村污水横流、垃圾遍地、土壤裸露、水土流失严重。若不加控制将会不可逆转，即使得生态系统无法自我修复。2014年环保部和国土资源部的统计显示全国耕地污染率为19.4%，占比接近1/5，而土壤总的超标率为16.1%，2012年，全国十大水系、62个主要湖泊分别有31%和39%的淡水水质达不到饮用水要求，严重影响人们的健康、生产和生活。目前，全国有2.8亿居民使用不安全饮用水。严峻的生态问题不禁让人深思我们该如何去维护我们的健康家园。

图3-2-1　乡村硬化后的河岸

　　由于水利、交通等机构分属不同行政部门，往往在建设时各自为政，缺乏整体思路，水利上更是不考虑河床实际情况，统一硬化，带来的是生态链条的断裂，也让乡村景观走向城市化的趋势（图3-2-1）。

　　同时，乡村正经受着垃圾问题的困扰，令人触目惊心的"白色污染"（塑料制品）成为乡村的噩梦，乡村垃圾治理已经到了刻不容缓的地步（图3-2-2），究其原因有以下几点。

　　① 保护资金投入不足。我国的垃圾收运处理作为公益事业由政府统筹安排，垃圾处理建设资金由财政资金补贴，设施运营经费由当地自行解决。现阶段出现的情况是地方投入的设施运营经费严重不足，尤其是在经济欠发达地区，正常的运行都难以维持，这影响了农村垃圾处理的水平和效率。

图3-2-2　乡村垃圾随处可见

　　② 现行粗放式的农村垃圾管理模式，没有真正落实垃圾分类，绝大多数村民直接把垃圾丢弃，有价值的垃圾并没有得到有效利用。四处乱扔的垃圾带来的是垃圾

收集运输工作量大，技术缺乏、政府资金投入难以承受。不断扩容和新建的垃圾填埋场也难以承载如此巨大的处理工作，导致垃圾围村，对环境也造成了一定的负面影响。

③ 乡民的环境保护意识淡薄、卫生意识较为落后、"各人自扫门前雪"。

3.2.2　学习先进的经验

在美国乡村的垃圾处理一般交由专业的垃圾公司，公司规模一般较小，村民住得分散，但是员工深入当地定期去各家收取垃圾，每家每户都有一个带轮子的垃圾箱，居民每天早晨送到公路边，由专车带走分类垃圾，每月收取一定的费用。以美国西雅图为例，按每个月14美元左右的标准，垃圾公司每户转运四桶垃圾，此后如果增加垃圾，按每桶9美元增收。经济的制约让西雅图市的垃圾量减少了25%以上。

日本则制定了环境友好型农业发展战略，出台了一系列保护措施，如《有机农业法》《有机农产品生产管理要点》等。战略主要包括减少化肥农药在环境中的使用；垃圾废弃物再生和利用，尤其是农业生产生活方面的垃圾利用，建立再生利用体系（图3-2-3）；建立有机农业发展战略，保证自然环境和农业生产的友好关系。和英国相似，日本政府对于从事绿色或者有机农业生产者给予不同比例的优惠或奖励，对于可持续发展的农业生产者给予相应的建设资金补贴和返税政策，充分调动了农业生产者的积极性，引导了他们的环保意识，保持了乡村景观的视觉美观和可持续性发展。

2003年英国发布《能源白皮书》，首次提出"低碳"概念，低碳化相对于生态更加具有现代生活的特色。Vos W.和Meekes H.认为，要实现欧洲乡村文化景观的可持续发展还必须意识到：富有的、稳定的社会需要的乡村景观应该具有多功能性；只有当地居民从文化景观的保护中获得利益时，农民才会进行景观保护；景观生态立法是关键问题，其次是带来收益，两者兼备才能带来持续稳定的乡村景观发展。当地管理者除了支持之外，适当放权，让地方自己解决问题是关键。

苏州科技学院丁金华教授主持的苏州黎里镇朱家湾村乡村景观更新设计，首先引导建立乡村低碳化社区，优化水网体系设计，完善绿地系统，修补景观基底，重点再造村里外部环境。其次是修建环保型公共厕所、生态村

图3-2-3　日本精细化的垃圾分类

民活动中心，设计之中具有环保低碳的教育意义。我国第一个乐和家园作为低碳乡村的实践，2008年四川地震之后在彭州通济镇大坪村开展。廖晓义率队利用社会捐赠资金共380万人民币，在大坪村建立了高质量的、节能低碳的80座生态民居、两座120平方米的乡村诊所、两座400平方米的公共空间，每户配套沼气、节柴、污水处理池和一个包括垃圾分类箱和垃圾分类打包机在内的垃圾分类系统，同时还有1个手工作坊、4个有机小农场和两个有机养殖场，将之前能源型的产业逐渐转化为生态农业、生态旅游，帮助农户和消费者建立点对点销售平台，建立远程的医疗服务，开设课程积极培育村民的低碳意识，乐和家园成了低碳乡村的可复制性样本（图3-2-4）。

图3-2-4 彭州乐和家园

3.3 乡村传统文化景观解体，尚需优化设计

3.3.1 传统文化景观解体

民间风俗是一个地区世代传袭的，连续、稳定的行为和观念，它影响着现代人的生活。地方民俗世代相传，强化了地区文化的亲和性和凝聚力，它是地区文化中最具特色的部分。梁漱溟曾经提到："中国文化的根在农村。"乡村文化构成了中华文化鲜活和真实的生活方式。随着城镇化的急速发展，那些日常的生产生活方式被彻底改变。市场经济下，乡民普遍认为传统的耕作方式已经不适合现代生活习惯，思想也日趋功利化。在重城市、轻乡村的情况下，强势的城市文化将乡村传统风俗文化不加筛选地抛弃。当传统的乡村生活方式被城市文明影响、改变时，人们又在重新审视自己的文化价值，反思和怀念曾经质朴的乡村

景观。

目前，大多数年轻人在城市置业后不愿回到故乡，以宗族姓氏为主体的乡村文化结构便逐渐解体。互联网的发展使得交流便捷，同时也让远离乡村成了常态，年轻人逢年过节回家看望亲人，偶尔去到农村看看风景、品尝一下美食，新的乡村文化体系还没有建立，年轻一代的人已经选择离开乡村。同时，传统文化的保护面临诸多问题，浓郁的"商业化"色彩表现在乡村建

图3-3-1 商业化后的丽江古城

设之中。当前很大一部分乡村景观建设过多地追求经济效益，为了吸引游客，将乡村打造成为一个的旅游点、生态园，往往在景观形式上追求新奇，村里的公共空间停满了游客的汽车，增多的汽车让村民失去安全感。在旅游利益的驱动下，村民也出现了思想的转变，出现有违乡村淳朴价值观的行为，宰客情况屡屡发生，严重破坏了乡村朴实的文化传统。同时，如周庄、丽江古城、香格里拉等地，由于旅游开发早，在缺乏导向和控制的情况下，过度地发展，使原住民将住房和铺面出租给外来移民经营，原住民外迁严重，导致传统地域文化丧失，传统村落逐渐空心化（图3-3-1）。

3.3.2 营造精神文化内涵

乡村文化是中国人精神内涵的载体。陶渊明在《桃花源记》中描绘："土地平旷，屋舍俨然，有良田美池桑竹之属。阡陌交通，鸡犬相闻。其中往来种作，男女衣着，悉如外人。黄发垂髫，并怡然自乐。见渔人，乃大惊，问所从来。具答之。便要还家，设酒杀鸡作食。"桃花源里蕴涵着中国传统乡村精神的内涵，人们在其中其乐融融，生活无忧无虑，这也许真是在城市生活的人去乡村想要看到和得到的东西。乡村是当地风土文化的载体，人们去乡村除了观赏美景和品尝美味之外，更深层次的是对空间文化的认同、文化根的找寻，体会东方文化思想下乡村社会情感和生活方式的表达，以及人们对于自然和祖先的敬畏之心。在乡村景观设计中，对乡村文化的挖掘是首要任务，整合村落空间资源，构建文化认同与文化传承的一体化形态，从而才能上升到精神高度，营造乡村的灵魂，回归文化、回归生活、回归乡村的主体。真正的乡村精神并非是因循守旧、一成不变，而是基于现代性、基于文化生长的一种精神价值。乡村景观研究的意义在于从表面上

的村庄改造，上升到真正意义上的传统复兴和延续，真正让乡村精神得到持续发展，让文化与历史文脉得以传承（图3-3-2）。

图3-3-2　寄放乡愁

3.4　乡村景观研究的意义

自1978年改革开放以来，城镇化每年以1%左右的速度在增长，截止到2017末，国家统计局最新发布的数据显示，我国城镇常住人口81347万人，城镇人口占总人口比重（城镇化率）为58.52%，比上年末提高1.17个百分点。长期以来中国是一个农业大国，农业、农村、农民的三农问题一直是中国经济和社会发展中重要的问题。高速的城镇化带来的是城镇面貌的趋同，盲目追求功能、简单复制城市，从以前的"千城一面"到现在的"千村一面"，乡村社会结构发生了巨大的变革，乡村景观被废弃并逐渐消失。

2006年中央文件《关于推进社会主义新农村建设的若干意见》中提出新农村建设的新路线和新目标，此后国家投入大量建设资金在全国掀起了建设社会主义新农村的热潮。2013年召开的中央城镇化工作会议明确提出的"让居民望得见山，看得见水，记得住乡愁"，对新的乡村建设提出了新的要求。新的形势下，乡村建设既要融入现代元素，更要保护和弘扬传统优秀文化，延续城市历史文脉。在乡村景观方面，2017年中央提出坚持新发展理念，协调推进农业现代化与新型城镇化，建设现代农业产业园，集中治理农业环境突出问题，大力发展乡村休闲旅游产业。在此背景下，我们进行乡村景观研究的意义重大，具体包括以下几点。

3.4.1 契合当代人性化的要求

著名的建筑与人类学研究方面的专家、美国威斯康星州密尔沃基大学建筑与城市规划学院阿摩斯·拉普卜特（Amos Rapoport）教授的研究表明，设计者的方案预期效果和用户之间存在很大的差异性，很多设计的目标往往被用户忽略或不被察觉，甚至于被用户排斥和拒绝，综其原因是设计者没有更加深入了解用户的需求，有些设计者高高在上不去听取用户的意见，站在强势城市文化的角度盲目自信并对乡土文化藐视，从而导致大量乡村景观设计作品被村民排斥。他的观点准确道出了人的需求的重要性。研究乡村景观的过程是与乡村当地人实现情感和文化交流的过程，了解乡土文化、体验乡村生活对于景观设计师来说非常重要。设计者能够从中发现在景观设计中的缺陷和不足，从几千年的乡村地域文化中继承和发扬乡村智慧，更加关注和思考人的需求和体验，设计出适合时代精神、具有持久生命力的乡村景观。乡村景观设计站得高、看得远、做得细，立足于改善现实，体现当代追求，打造丰富多样的生活空间，充分根据人的体验与感受造景，才能营造宜人的空间体验。

3.4.2 立足乡村生态环境保护

国内的景观生态学研究起源于20世纪80年代。生态学认为景观是由不同生态系统组成的镶嵌体，其中各个生态系统被称为景观的基本单元。各个基本单元在景观中按地位和形状，可分为三种类型：板块（Patch）、廊道（Corridor）、基质（Matrix）。乡村景观多样性是乡村景观的重要特征，景观设计是处理人与土地和谐的问题，保护乡村的生态环境、维护生产安全至关重要。当前由于产业转移的需要，大量城市中污染的工厂转移到农村，并利用农村闲置的土地和廉价劳动力。一些落后的乡村也为了尽快致富，忽视环境方面的保护，给农业生产安全带来极大的隐患，直接威胁到国家人民的生存安全。

中国传统的"天人合一"思想把环境看成一个生机勃勃的生命有机体，把岩石比作骨骼，土壤比作皮肤，植物比作毛发，河流比作血脉，人类与自然和睦相处。工业革命之后，西方世界逐渐认识到环境破坏带来的影响，纷纷出台政策法规来规范乡村建设，保护生态。美国在房屋建设审批的时候对于表层土壤予以充分利

图3-4-1　英国生态村水源净化

用，建设完后还原表层土到其他建设区域而不浪费。英国政府对农民保护环境性经营实行补贴。对于保护生态环境的经营活动，每年每公顷土地可以获得30英镑（1英镑≈9元）的奖励，不使用化肥、不喷洒农药的土地经营将有60英镑奖励。农场主在其经营的土地上进行良好的环境管理经营，按照英国环境、食品和农村事务部的规定，无论是从事粗放型畜牧养殖的农场主，还是进行集约耕作的粮农，都可与政府部门签订协议。一旦加入协议，他们有义务在其农田边缘种植作为分界的灌木篱墙，并且保护自家土地周围未开发地块中野生植物自由生长，以便为鸟类和哺乳动物等提供栖息家园（图3-4-1）。立足乡村生态环境保护是今后乡村发展的趋势，同时也为乡村带来更为更多的机会，为城市带来更多的安全产品。

3.4.3　以差异化设计突出地域特征

城乡之间的景观特征存在多方面的差异，不同地域的乡村景观同样各具特色。独特的自然风格、生产景观、清新空气、聚落特色都是吸引城市游客的重要因素。但随着高速增长的全球化和城镇化进程，乡村居民对于城市生活的盲目崇拜导致了城乡差别在不断缩小，在解决现代化和传统之间的选择时，并不是一个非此即彼的"二元"答案。浙江乌镇历史悠久，是江南六大古镇之一，至今保存有20多万平方米的明清建筑，典型小桥流水人家的江南特色，代表着中国几千年传统文化景观。2014年11月第一次世界互联网大会选择在乌镇举办，是现代和传统的完美结合，差异化地表现了江南地域特色，体现出乌镇在处理现代与传统方面的成功经验（图3-4-2）。

云南剑川沙溪属于贫困乡镇。从2012年开始，瑞士联邦理工大学与剑川县人民政府开展合作，实施"沙溪复兴工程"，委派在场建筑师与当地政府联合成立复兴项目组，瑞士联邦理工大学与云南省城乡规划设计研究院合作编制了《沙溪历史文化名镇保护与发展规划》，试图营造一个涵盖文化、经济、社会和生态在内的可持续发展乡村，确立了一种兼顾历史与发展的古镇复兴模式。由此可见，地域特色和乡村发展以差异化为原则，在提升生活质量的前提下，营造特色的乡村风貌和人文环境，才能带来乡村景观的发展和提升（图3-4-3）。

图3-4-2　乌镇互联网国际会展中心　　　　　　图3-4-3　云南剑川沙溪古镇

3.4.4　作为城市景观设计的参考

乡村景观虽然有别于城市园林，但它从自然中来，在长期发展中沉淀出的乡村景观艺术形式可为城市景观提供参考，如乡土的图案符号、建筑纹饰、砌筑方式等都可以成为城市景观设计中重要的表现形式来加以利用。乡村景观的空间体验表现得更加优秀，是凝聚亲和力的空间，自然而具有肌理质感的设计材料，是现代城市景观中良好的借鉴对象。比如，美的总部大楼景观设计通过现代景观语言来设计表现独具珠江三角洲农业特色的桑基鱼塘肌理，给人以乡村历史记忆

图3-4-4　美的总部大楼景观设计

（图3-4-4）。本地材料与植物是表达地域文化最好的设计语言。土人设计为浙江金华浦江县的母亲河浦阳江设计的生态廊道，最大限度地保留了这些乡土植被，植被群落严格选取当地的乡土品种，地被主要选择生命力旺盛并有巩固河堤功效的草本植被以及价格低廉、易维护的撒播野花组合（图3-4-5）。在现代城市景观设计中运用乡土材料就地取材，经济环保，最方便可取的资源往往可以体现出时间感和地域特色，让城市人感受到乡村的气息，缓解城市现代材料带来的紧迫感，同时也能使不同地区的景观更具个性，更能凸显地域特色。

3.4.5　营造生产与生活一体化的乡村景观

当下传统村落的衰落与消亡很大程度上来自于全球化的进程，在科学技术的不断创新下，社会结构和生产方式都发生了翻天覆地的变化，不可避免地出现传统乡村衰亡的情况，传统生活生产方式所产生的惯性在逐渐变小。吴良镛院士认为："聚落中的已经形成的有价值的东西作为下一层的力起着延缓聚落衰亡的作用。"北京大学建筑与景观

图3-4-5　乡土植物营造浦阳江生态廊道

设计学院院长俞孔坚教授在其《生存的艺术：定位当代景观设计学》一书中提到："景观设计学不是园林艺术的产物和延续，景观设计学是我们的祖先在谋生过程中积累下来的种种生存的艺术的结晶，这些艺术来自于对各种环境的适应，来自于探寻远离洪水和敌人侵扰的过程，来自于土地丈量、造田、种植、灌溉、储蓄水

源和其他资源而获得可持续的生存和生活的实践。"乡村景观正是基于和谐的农业生产生活系统，利用地域自然资源形成的景观形式，科学合理地利用土地资源建设乡村景观新风貌，促进农业经济的发展，同时带来了乡村旅游业的发展，繁荣着乡村经济（图3-4-6）。

中国现代农业由于土地性质不同于西方国家，国家制度上也和西方国家有区别，所以既不可能单纯走美国式的商业化农业的发展道路，也难以学习以欧洲和日本为代表的补贴式农业发展模式。三农问题（农业、农村、农民）一直备受国家和政府关注，胡必亮在《解决三农问题路在何方》一文中提出了中国农业双轨发展的理念，即在美国和欧洲、日本的发展模式下兼容并蓄、制度创新，创造出新的发展模式——小农家庭农业和国有、集体农场相互并行发展。国家也正在积极推进土地制度的改良，未来乡村将出现区别于几千年来的传统乡村景观，这也为乡村景观设计者带来了巨大的挑战——从传统中来，到生活中去，找到适合的设计方向。

图3-4-6 凤凰古城吸引大量游客前往

第 4 章

乡村景观与
设计方法

4.1 调研与意愿

4.1.1 文献资料

产业发展、空间环境、乡村文化是乡村建设的核心内容。因地制宜，推进经济发展，改善并提升广大村民的生活质量至关重要。产业发展是乡村发展的持续动力，有了产业才能留住人，尤其是农村青壮年人口，吸引更多的外来劳动力来就业。经济基础有了，带来的是环境的改善和提升、乡村文化的繁荣。文献资料调研主要从统计局和各级地方统计部门定期发布的统计公报、定期出版的各类统计年鉴，经济信息部门、各行业协会和联合会提供的定期或不定期信息公报，研究机构、高等院校人员发表的学术论文和调查报告中获得，具体内容如下。

（1）区位总体概况

需要收集的基本资料如表4-1-1。

表4-1-1 村庄基本信息表

	信息类别	具体情况	备注选项
基本信息	区位特征		城中村、城郊村、远郊村、偏远村
	地形地貌		山区、丘陵、平原、盆地
	是否位于乡镇政府驻地		
	主要民族		
	村域总面积（公顷）		
	户籍人口（人）		
	常住人口（人）		
	户籍户数（户）		
	劳动力数量（人）		
	下辖自然村个数		
	是否编制过村庄规划		
	是否开展过村庄整治与其他建设		
	是否有集中建房或安置点		

① 区位特征：所处的位置，在整个县域或者市域甚至省域的优劣势分析。尤其关注周边的重要基础建设、河流水库、产业园、农业带、旅游带、经济圈等以及和政策相关的机会。

② 乡域地形地貌、海拔、森林覆盖面积、总面积、耕地面积、建设面积、道路交通情况、行政村数量、人口等方面的内容，可统计年鉴中查到，但每年都在变化之中。

（2）经济概况（表4-1-2）

① 收集每一年的政府报告和五年来的统计年鉴。

② 全年农村经济总收入、从业人口数量，第一产业、第二产业、第三产业的占比。

③ 交通和环境资源优势在产业经济发展中比较重要，人口的变化走势能够看出地区发展的动力和今后的发展方向。

④ 乡村重点发展的产业经济在旅游发展上能否成为吸引力？如葡萄的种植、茶叶种植等。

表4-1-2　村庄经济信息表

	信息类别	具体情况	备注
经济概况	耕地面积（亩）		
	基本农田面积（亩）		
	林地面积（亩）		
	主导农业类型		
	主要经济作物		
	农民人均可支配收入（元）		
	建档立卡贫困户（户）		
	集体经济年收入（万元）		
	村庄特色产业		

（3）公共设施情况

乡村里道路使用情况、公共交通、教育资源、垃圾收集转运处理的方式、给排水情况、电力、防灾、医务室、健身设施、生态利用等公共配套设施的情况（表4-1-3）。

表4-1-3 公共设施信息表

信息类别	具体情况	备注
村内道路总长度（公里）		
村内硬化道路长度（公里）		
是否通镇村公交		
是否有幼儿园		
幼儿园学生数		
幼儿园教师数		
是否有完全小学		
是否有教学点		
小学/教学点学生数		
小学/教学点教师数		
有无文化活动室或农家书屋		
有无老年活动中心/活动室		
有无老年照料中心或服务中心		
有无特色民俗活动或节庆活动		
有无体育健身设施或场地		
垃圾收集处理情况		
有无垃圾收集点		
有无公共厕所		
有无必要消防措施		
道路有无照明设施		
村民生活能源类型		电、沼气、天然气、煤、柴等
是否通自来水		
污水处理情况		直排、设施处理、其他
是否通宽带		
是否通电话		
有无邮政服务点/快递服务点		
是否实现一户一电表		

（4）文化与传统

具体指，建筑的风貌、乡村的结构布局以及公共空间场所如祠堂、书院、戏台、牌坊等；重要的节点如古桥、古树、池塘、古井等；乡村传统文化、名人轶事、历史事件、神话传说等，包括传统手工业产品以及风土人情、节庆、农作传统。有一些乡村建村时间不久，缺少历史文化和传统工艺等方面的特色，调研者需要去深入了解村民的生产、生活特点，挖掘具有时代特点的乡村特色（表4-1-4）。

表4-1-4　历史文化信息表

	信息类别	具体情况	备注
历史文化	是否中国传统村落		
	是否历史文化名村		国家级、省级、市级、区县级
	有无文物古迹		国家级、省级、市级、区县级
	古桥		
	节日		
	特色产业		

（5）政策法规

收集上位规划和相关专项规划，如《镇（乡）总体规划》《县城总体规划》《县域旅游发展规划》《镇（乡）域总体》《乡村规划》《绿化专项规划》等，具有历史文化的乡村还要考虑《文物保护规划的要求》《饮水地保护规划》《水资源保护规划》。

4.1.2　问卷和访谈

问卷和访谈是乡村景观设计中重要的步骤，便于全面系统地了解村庄的历史文化，预测未来发展的方向。当前乡村设计中，某些设计师不重视深入村庄内部进行调研活动，仅拍拍照片就回去开展设计工作，更有甚者只是通过看网络提供的照片就在图纸上进行设计。不经过深入了解访谈调研，很难有好的设计作品出现，不了解村民的需要，只会将设计停留在表面上。

① 居民的基本情况内容：年龄、性别、家庭人口、职业、文化程度、收入情况、居住环境等（表4-1-5），问卷至少在30份以上，不少于村民总人数的10%。

② 乡村公共设施满意度、道路交通状况、出行方式、医疗、购物、上学、就业、养老、子女返家周期、休闲生活、垃圾回收、期望等方面内容（表4-1-6、表4-1-7）。

表4-1-5 调查问卷（1）

与您的关系	年龄	性别	民族	文化程度 A.小学以下 B.小学 C.初中 D.高中或技校 E.大专及以上	从事工作（可多选） A.企业经营者 B.普通员工 C.公务员或事业单位 D.个体户 E.务农 F.半工半农 G.在家照顾老人小孩 J.其他	务工地点 A.本镇 B.外乡镇 C.本市 D.省内其他城市 E.省外地区	务工时间 A.常年在外 B.农闲时外出 C.早出晚归，住在家里 D.主要务农，偶尔外出打零工 E.常住家中，不外出 F.其他	家庭年收入（元）
本人								

表4-1-6 调查问卷（2）

子女年龄	就读学校 A.幼儿园 B.小学 C.初中 D.高中或技校 E.大专及以上	上学地点 A.本村 B.镇区 C.其他镇 D.县城 E.市区 F.其他	就学模式 A.每日自己往返 B.每日家长接送 C.住校，每周回家 D.住校，每月回家 E.住校，很少回家	交通方式 A.步行 B.非机动车 C.自家小汽车 D.公交车或客车 E.校车	单程时间 分钟	距家多远 公里	是否满意 A.满意 B.较满意 C.一般 D.不太满意 E.很不满意

表4-1-7　调查问卷（3）

	使用频率 A 频繁 B 经常 C偶尔 D很少 E 从不 F 未听说	使用满意度 A 很满意 B 较满意 C一般 D 不太满意 E很不满意 F 基本不用	出行距离 A 0~500米 B 500~1000米 C 1~5公里 D 5~10公里 E 10~20公里 F >20公里
村卫生室			
乡镇卫生院			
市县医院			
村文化室 （老年活动室）			
村养老助老服 务点			
乡镇文化站			
县市文化馆			
村健身点			
乡镇体育场馆			
县市体育场馆			

③ 村中建筑的质量和风貌、村落周边景观特征。了解并走进乡村，对古树、溪水、农地、林地、泉水等重要的村庄景观要素拍照、取样。在拍照中多选取构图、取景较好的位置，观察时间的变化带来的不同风景变化，可利用这些位置作为重要节点的设计，在此地设计亭廊等景观建筑。在调研过程中，仔细梳理乡村的资源路线，在今后设计中可以利用其连贯的特征设计步行交通或者旅游线路。

④ 对重要节庆活动、传统文化、传统工艺、宗教信仰等记录整理。深入村庄中与村民进行交流，尤其是一些年纪大的村民，了解村庄的一些重要的节日，能够补充文献中记载的内容。

⑤ 村民对乡土景观设计的愿景：对乡村景观的认知、对乡村未来发展的期望、要解决的核心问题。

4.1.3　访谈

了解建设主导者的目标和要求、资金投入情况、实施的步骤，并就重点和难点问题，商讨处理方案，包括房地产开发者主导的建设活动、政府主导的基础建设、旅游景区开发者主导的项目建设、村民自发主导的改造活动。入户访谈，通过录音录像等形式收集第一手设计资料，还原村民的意愿。近年来的乡村建设特征是以政府为主导，立足于基础方面的建设，有的地方与村民的意愿存在一定的偏差。

对此，访谈是一个较好的解决方式，比如在村庄成立村民理事会，邀请乡贤或寨老、族长加入。近几年国家倡导"五老"治村，"五老"即老干部、老党员、老模范、老教师、老复员退伍军人，他们在村里辈分高、有群众基础、有威信，能有效地化解村民之间的纠纷，在村中重大决议上能起到决定性的作用。访谈中包括5个关键的问题：

① 近5年是否有村民迁出？每年迁出人数大致多少？原因是什么？

② 农民住房方面的主要问题、需求和建议有什么？

③ 本村具有历史文化特色的地方在哪里？

④ 环境方面还存在什么问题或需求？

⑤ 未来发展的意愿是什么？

4.1.4　测绘

地形图是设计制图的关键，一般由甲方单位提供建设区内1∶500的地形测绘图。乡村边缘区域和自然景观区域一般没有1∶500的标准地形图，在设计中可以使用林业部门或者土地部门的地形图，一般比例为1∶1000～1∶5000等。村庄内部在一些重要的节点，按需求也可以选择对细部进行测量，获取更为准确的资料（图4-1-1）。

图4-1-1　1∶500的地形图

4.1.5　整理分析

　　整理分析是重要的阶段，通过制作分析表格和图形能够清晰准确地看出乡村的优势和劣势。整理分析阶段也是调研访谈的总结部分，通过整理分析获得重要的数据和结论，以此作为设计的依据（表4-1-8）。

表4-1-8　村庄用地汇总图

用地代码		用地名称	规划用地面积（hm²）	比例（%）
V		V村庄建设用地	14.38	100
	其中	V11　住宅用地	8.26	57.44
		V12　混合式住宅用地	1.55	10.78
		V21　村庄公共服务设施用地	0.46	3.20
		V22　村庄公共场地	2.08	14.46
		V41　村庄道路用地	1.02	7.09
		V42　村庄交通设施用地	0.07	0.48
		V43　村庄公用设施用地	0.06	0.42
		V31　商业服务业设施用地	0.52	3.62
		V32　村庄生产仓储用地	0.36	2.50
E		E　非建设用地	3.78	—
	其中	E13　坑塘沟渠	0.19	—
		E23　其他农林用地	3.59	—

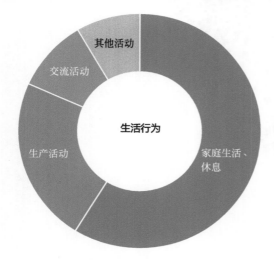

　　第一阶段深入调研后对资料进行分类整理，在此基础上确定设计主题和思想、设计内容，确定建设的基调和风格，着重体现设计的创新点，写出整体设计文案，提出初步设计意向（图4-1-2）。

图4-1-2　日常生活分析图

4.2 乡村景观设计方法与步骤

4.2.1 模仿与再生

模仿学认为，艺术的本质在于模仿或者展现现实世界的事物。模仿是通过观察和仿效其他个体的行为而改进自身技能和学会新技能的一种学习类型。模仿也是乡村景观设计中的一种基本方法，通过模仿乡村对象、乡村生存环境，学习并继承当地文化，可激发设计师个体创作。比如在江西农村，经常可以看到一种草垛

景观，当地村民将收割后的稻草就地堆放在田地或者院子里，用以生火做饭和对食物进行储藏保温。对这种具有地方生产生活特点的乡村景观形式进行保留和拿来创造，就不失为一种好的设计（图4-2-1）。中国不同地域展现出不同的乡土景观特征，尤其在建筑外墙、地铺、木作、结构形式等方面值得深入调查研究，在设计中模仿再生，延续乡土建造文化，可唤起观者的共鸣（图4-2-2）。

图4-2-1 乡村随处可见的草垛景观

费孝通先生在《乡土中国》一书中强调"千百年来，乡土社会孕育的这种感觉，就是一个'土'字，'土'是生命之源，是文化再造和复兴的基础"。再生需要经过一定的时间积累，保持原有美的形式，在新的生产方式和生活方式作用下，尊重当地风土习惯，经过一系列的艺术加工，创造和发展出新的展现形式。在贵州肇兴侗寨，村寨内将农业景观场景在村寨景区广场前集中再现，游人下车之始马上能感受到浓郁的农耕景观（图4-2-3）。乡

图4-2-2 乡村砌筑

图4-2-3 肇兴侗寨景观再现

土景观的再生立足于当地的社会历史文化，艺术地还原或再现乡村落的表现形式，延续文化特征。四川北川新城在灾后的重建立足于传统羌族民居的传承和再生，建成了一座宽阔整洁、绿树成荫、花草遍地的现代化街区乡村（图4-2-4）。富阳场口镇东梓关村，曾出现在作家郁达夫的笔下，"这是一个恬静、悠闲、安然、自足的江边小镇……"。孟凡浩及其团队遵循当地的习俗，使得每户都有三个小院，前院放置单车、农具等，侧院放置柴火、杂物，南院用作休闲绿化。房屋基本为三层结构，有四个以上的卧室，还有客厅、储藏室等。并遵循堂屋坐北朝南，院落由南边进入的习俗，设计出各具特色的四十六栋回迁的杭派民居，再现了吴冠中笔下的江南民居风貌（图4-2-5）。建德胥江"杭派民居"充分利用山地自然风貌，形成高低错落、疏密有致的民居村落。同时，利用朝向、庭院、装饰材料等区别，每一幢房屋形成独具特色的自然建筑群体效果。改造后的村落保留了杭派民居的特色：大天井、小花园、高围墙、硬山顶、人字线、直屋脊、露檩架、牛腿柱、戗板墙、石库门、披檐窗、粉黛色，突出生态人本主义，处理好了人、建筑、环境的关系，再现了深宅合院传统"杭派"山水景观格局（图4-2-6）。

图4-2-4 北川新城　　　　　　　　　　　图4-2-5 东梓关村内部装饰

图4-2-6 胥江"杭派民居"

4.2.2 保持聚落格局完整

（1）保留聚落整体结构

乡村聚落格局的成因主要是：①农田和住宅相近，利于农业管理。②聚集在一起利于利用公共水资源。③聚集便于安全保护。

乡村聚落格局最大的特征就是整体性，村落里具备各种生活条件和资源配给，安全和谐，呈现出不同的文化内涵特征和地域差异性。一般情况下，汉族民居偏于封闭整体的特点，山区少数民族的聚落却表现出开放空间的特征。乡村聚落的道路空间分为三类要素：道路、停车空间、公共活动空间。传统营造时的道路设计整齐有序、宽窄不一、开合有致，看似随意的空间退让间距是依据建造时的地

图4-2-7　青岩古镇

图4-2-8　岳阳盘石洲

图4-2-9　散落田间的川西林盘聚落

形条件变化和村落的社会关系长期磨合而成。设计时，尺度比例关系的协调在于在设计过程中，不划定具体的红线宽度，尊重原有的道路格局，延续街道原有的自然肌理效果。如贵州青岩古镇，街巷用青石铺砌，依山就势，随地势自然起伏变化，纵横交错，自然协调（图4-2-7）。

完整的聚落格局包括街巷交通网络的整体、外部环境的完整、社区化的公共空间、空间尺寸和比例的和谐，从而使聚落空间形成完整的功能流线。"清江一曲抱村流"，岳阳盘石洲三面环水，四面环山，山环水绕，村舍沿汨罗江河岸排列开来，炊烟缥缈，仿佛人间仙境，是一幅理想的乡村聚落画面（图4-2-8）。

设计乡村聚落景观首先要考虑有完整的进村路线，形成村口-田地-村落-村居、村口-村落-田地-学校等多种空间序列。对于游人来说，要形成停车场-村口-公共广场-村落-庭院的空间序列。完整的乡村聚落元素包含街、巷、桥、水塘、建筑单体、井台、门楼、古树、公共场地等，这些元素序列构成了传统乡村的空间肌理，承载着乡愁记忆。试想，游人直接开车到村舍的门前，虽看似方便快捷，却失去了乡村原有的趣味，降低了乡村的品质。川西林盘是川西几千年前就以姓氏（宗族）为聚居单位，由林园、宅院及其外围的耕地组成，整个宅院隐于高大的楠、柏等乔木与低矮的竹林之中的分散聚落居住形式，是古老的田园综合体，林盘周边大多有水渠环绕或穿过，具有典型的农耕时代的生态文化特征，构成了沃野环抱的田园画卷（图4-2-9）。

乡间道路景观的形状在陶渊明的《桃花源记》里的描述是"阡陌交通，鸡犬相闻"。阡（南北方向道路）陌（东西方向道路）构成乡村田野的主要路网形式，南北交错在一起，狭窄而修长，是独特的乡村景观。《归园田居·其三》中写道："道狭草木长，夕露沾我衣。"乡间的小路要体现出"小"的景观特征，安全的距离感会带来身心的放松。

（2）延续历史格局

聚族而居是中国传统乡村聚落的特征，血缘关系是影响聚落形成的重要因素。以宗法和伦理道德作为乡村社会关系的基础，以宗祠为中心而建成为很多乡村历史格局的重要特征，如为抵御外敌袭击，客家人以一个族群围拢而聚建立起的具有防御功能的土楼，宗祠在聚落中心，祭祖、节庆和宗法活动都在宗祠附近举行，从而形成重要的公共活动中心。在中国的西南少数民族地区，至今还延续着"一家建房，全村帮忙"的传统风俗，聚落内都是同姓的亲戚，社会关系比较简单，大家齐心协力，这是一般村落无法达到的（图4-2-10）。

图4-2-10　竖屋上梁仪式

延续聚落的历史格局在当前除了继续维护以姓氏（宗族）聚居的形式外，更需要引导培育内生性的乡村社区，鼓励居民共同参与乡村建设，推动乡村的生态保护和产业发展，更有力地保护和传承乡土文化。

（3）营造完整的公共空间

人与人构成了乡村社会关系的主体。在社会学上，将人与人之间直接交往称为"首属关系"。长时间以来，中国乡村人与人交往的场所是街巷交通、宗教活动、生产生活等区域，这些地方构成了除家庭关系之外村民重要的社会关系场所，也是乡村独特的社会景观。聊天、谈古说今、家长里短成为重要的生活内容。曾经的村口的大树下、打水的古井旁、茶馆、庙会、红白喜事场所、街道门口、赶集（圩）场、洗衣的河边，都是重要的公共空间，构成了完整的社会交流关系。乡村

　　传统公共空间衰落后，新的公共空间尚未建立，农民的公共生活出现衰败的情况，现在的乡村小卖铺反而成了新兴的公共空间中心。从当前乡村公共空间的情况看，传统的凝聚型的公共空间正走向离散。发生在乡村公共空间的信仰性正在衰弱，娱乐性减少，生产性逐渐消失，政治性被限制。复兴农村传统的公共文化空间，促进村民互动、各种思想交流、提高村庄的凝聚力，增强社区认同，是乡村景观聚落设计中非常重要的一个环节。乡村不能简单地复制城市的公共空间，公园、广场如果没有涵盖乡村文化观念、体现价值认同、满足现代的功能需求，便无法安放村民的情感寄托和精神归宿。

　　安徽省绩溪县家朋乡尚村竹篷乡堂项目中，由于当地"老龄化"现象严重，设计团队选定了高家老屋作为村民公共客厅，借高家老宅废弃坍塌院落，用6把竹伞撑起拱顶覆盖的空间，为村民和游客提供休憩聊天、娱乐、集会、聚会、展示村庄历史文化的公共空间。竹篷的建成将将村民团结凝聚到乡村公共空间，对乡村的激活有重要的意义（图4-2-11）。

图4-2-11　尚村竹篷乡堂项目

（4）注重屋顶视觉线

　　天际线的概念最初来西方城市规划的定型理念，城市中的建筑通过高度、层次、形体组合在一起构成了城市的总体轮廓景观，体现了城市的审美特点。笔者认为天际线的概念同样适用于乡村景观环境。乡村屋顶构成的天际线是构成乡村景观重要的元素，给人以强烈的视觉感、节奏感。中国传统民居有秩序感的屋脊线，如徽派建筑的马头墙、岭南建筑的五行墙、陕北的靠山窑洞大院、山西深宅大院均质化的屋顶形式，都反映出强烈的文化符号，蕴涵着中国文化中含蓄而内敛的特点。刘心武在《美丽的巴黎屋顶》里写道："古今中外，建筑物的'收顶'，是一桩决定建筑物功能性与审美性能否和谐体现的大事。"屋顶被称为建筑的"第五立面"，屋顶的屋脊线和天际

图4-2-12 独具特色的岭南民居屋顶景观

线是聚落格局完整的重要视觉表现。除了建造结构带来的造型变化，屋面的色彩、质感、走向等都能唤起人们对于乡村的无限想象（图4-2-12）。

2008年四川地震之后，广元市金台村刚重建好的住宅因再一次被山体滑坡毁坏而不得不再建。由于资金和建房的土地有限，金台村的设计将城市的密集居住模式结合到乡村的环境里，屋顶为农户进行自给自足的种植提供场地，而地面层的开放空间则允许他们开展简单的家庭作坊（图4-2-13）。绿化屋顶的模式成为乡村景观的新探索，也带来了视觉上的统一，更是居民生活环境与农业生产的一次新的尝试。

图4-2-13 金台村屋顶梯田

（5）保持建筑视觉上的统一

乡村建筑应结合当地地理位置和气候条件，合理安排朝向，尽量利用自然通风保持建筑节能。综合考虑其功能性与视觉性的特征，整体建筑应充分融于周围自然环境之中，达到视觉上的统一。建筑屋顶、外墙立面、开门开窗形式在视觉上也要尽可能达到统一，但要注意的是，这样的统一不是复制，是在美学上其设计符号的统一，在变化中求统一的效果，尤其忌讳不加考虑地复制。比如，捷克特罗镇广场上的每栋建筑山墙立面虽然各不相同，但通过下层的拱廊将立面很好地在视觉上统一起来，开窗样式、色彩也在变化中寻求比例、色调上的相似符号，给观者一种视觉上的统一和韵律感（图4-2-14）。在材料的选择上，也应采用能体现当地民俗民风的材料，如木材、石材、竹子、新式生土技术，等等，现代材料如钢结构、玻璃等在建筑中可局部使用，但要保证建筑整体上地域材料的比重远远高于现代材料。现代材料在色彩和比例关系上也需要考虑协调关系，这些属于美学范畴。

图4-2-14　捷克特罗镇广场建筑立面

4.2.3　乡村景观符号提取

乡土景观符号包括传统肌理、传统文化艺术、传统民俗、生活方式和地区传统产业，是一个地区或民族文化价值和信仰的共同基础。古人通过留下来的信息符号，在文明传承中传递给后人对古代文化的印象，后人则通过其遗留的符号猜测历史应该的面目。乡村景观符号表达着不同阶段的乡土历史，传递着地域文化信息。符号与乡村文化存在着如此密切的关系。东京农业大学地域环境科学部造园科学科教授进士五十八、铃木诚和一场博幸合著的《乡土景观设计手法》中详细介绍了乡土景观设计中乡村景观素材和符号的运用，从乡村符号中理解乡村的文化脉络，延续和建立新时代的乡村景观，并将之引申到城市景观设计中。美国景观之父弗雷德里克·劳·奥姆斯特德设计的马萨诸塞州Philips庄园（1881年）和北卡罗来纳州的Biltmore庄园（1888 ~ 1895年），是他乡村地产设计浪漫时期的巅峰之作，其中大量采用了新英格兰乡村景观元素作为乡村景观符号，汲取自然景观作为设计灵感，将文化与乡土景观完美结合。乡土景观符号的提取手法具体如下。

① 直接借用。从传统乡村景观原型中，选取造型、图案和肌理等，直接表现于设计之中，遵循传统图案的题材形式、比例、对比关系等。常用的方法是直接从乡土景观符号里借用某一部件或是图案纹样，重新组合，应用在新的设计之中，形成地方特色的符号和文化表达，唤起人们对该地场所的熟悉感与回归感。如桂林阳朔遇龙河附近的民宿酒店，由于受到建房政策的限制，在毫无特色的乡村楼房上直接使用符号式的图案来装饰，达到了展现乡村文化的效果（图4-2-15）。

图4-2-15 阳朔遇龙河周边的民宿设计

② 解构重组。解构某一整体形象，根据需要选取其中某一部分符号内容进行重新组合和再次创作，形成新的关系和秩序。解构重组使地方传统工艺结合现代技术手段进行改善与优化，在建造上表达出地域特征与人文情感，延续乡村场所精神。四川成都奶牛生产基地"活化"项目——竹园，旨在将亲子活动营造在基地中，设计者将地方常用的传统竹元素解构重组，建构新的结构体系，试验新材料连接节点，使建筑呈现出丰富的外观和细节上的差异性（图4-2-16）。

图4-2-16   四川竹园营造

　　③ 材质装饰。从传统乡土景观构成中抽取具有典型代表的乡土元素，多采用对比的方式，结合现代化的材料表现出传统与时尚的材料装饰特征。其中需要控制好二者的比例关系，分清楚主次关系和色调的关系。另外，很多设计会利用声光电等现代展示艺术烘托设计氛围。地域的材质装饰与本土居民的生活、文化传统等息息相关，在设计中要考虑使所选材料的质感、颜色搭配和物理特性上能与

当地场所气质相吻合，必要时，可以回收当地的一些旧的建筑材料来进行再设计，旧材料的参与让场所更具有再生的意义。山东日照凤凰措项目是一个废弃乡村再生的案例，设计材料上使用废旧建筑坍塌留下来的暖黄色老石头，局部使用混凝土和耐候钢板的现代材料进行对比，追求材料的原真性，整个区域遍种芒草，营造出乡土自然的野性空间（图4-2-17）。

图4-2-17 凤凰措乡土材料的再生

④ 引申意境。意境表达是中国传统文化区别于其他国家文化的重要特征。在场所精神空间特征的营造及表达的分量上，即使同为东方文化代表的日本传统文化也远不及中国传统文化。尤其是中国园林艺术，处处是意境的体现，其最重要的载体就是楹联，内容多是造园者对文化的表现和对生活的理解。意境的引申重点是将传统乡村人文背景所隐含的意义通过新的多种形式表现出来，唤起人的空间感受，这种手法在空间里多为表现文化而设计。杭州富春开元芳草地乡村酒店的特色船屋设计，概念和形态源自当地古老的水上部落——"九姓渔民"，独特的船居文化表达了设计的内在文化，引申出"野旷天低树，江清月近人"的意境空间效果，创造出空灵的诗意栖居空间（图4-2-18）。

图4-2-18　杭州富春江船屋

4.2.4　表现景观肌理

（1）延续场所肌理

肌理（texture）是描述物体表面的视觉和触觉特征的感受，乡村场所肌理是生活在乡村地区的人们在土地上遗留下生活的历史特征，凝聚着乡村的人文精神和集体记忆。场所肌理是大自然的禀赋，传统的生产技术水平有限，对自然造成的破坏程度极为有限，乡村场所肌理得以完整地保存。计成在《园冶》的"园说"一节中开篇提到："凡结林园，无分村郭，地偏为胜，开林择剪蓬蒿；景到随机，在涧共修兰芷。"古人在营造方面非常注重与自然之间的关系，尊重自然、适应自然的理念贯穿于整个中华文明的发展史。景观生态学理论认为当前的乡村景观肌理正受到外界的干扰而导致肌理破碎，肌理的整体性变成了零碎性，乡村景观设计通过修复保持新旧肌理之间正常的相互渗透和影响，从而达到整体的统一。肌理修复旨在延续场所文脉，修复破碎的景观板块，渗透景观边界，重新构建体现场地的新的乡村景观形式。

美国伊利诺伊州的Peck农场公园，目标是帮助孩子们进行农业体验，恢复乡村景观肌理，建造区别于美国城市的乡村牧场公园。设计者尊重了伊利诺伊州本土的乡村农业景观，借景田园风光以景观体现场所历史，修复了混凝土粮仓和谷仓，并在里面进行农业陈列展示，开设吸引学生的农业教育课程。设计者认为不

图4-2-19 Peck农场公园

能让孩子们在博物馆体验农业景观，而是应该走进大自然的肌理里，学习、创造，感受真正的乡村景观（图4-2-19）。在中国西南少数民族地区，由于地理条件的限制，瑶、侗、壮等民族靠山而居，精耕细作每一片可耕作的土地，形成了独特了农业梯田肌理。当前的梯田景观已经成为当地旅游重要的拉动点，这样的乡村肌理应被列入博物馆式景观。乡村设计者应该区别对待不同的景观肌理表现形式，尤其是延续具有现代生活特点的乡村肌理景观（图4-2-20）。

乡村景观设计中延续场所肌理的方法有：①封闭边界，将破碎的乡村图底关系修补完整，形成整体的乡村景观肌理关系。②定义聚落边界，完善院落和建筑的组合关系。③边界渗入，通过渗入或者渗出边界肌理，再生新的景观肌理。④异型介入，肌理同样也有着一个不断生长的过程，可进行批判性重构，在尊重原有历史建筑上，根据具体的设计要求和设计师的设计语言对肌理进行再创造。

（2）强化地域文化肌理

乡村景观的美学价值在于延续传统的乡村美学空间，强化精美细致的地域文化肌理，探索持续的乡村景观美学之路。乡村砌筑和铺装营造能最直接地反映出独特的地域文化肌理，构成最为直接的乡村印象。从西北地区夯土而成的墙身，到徽派建筑烟雨朦胧中的粉墙黛瓦、青砖铺地，再到闽南和两广地区随处可见花岗

图4-2-20　云南元阳梯田

岩板材铺地，一幅"雨里鸡鸣一两家，竹溪村路板桥斜"的道路肌理和生活场景画面，这些乡村肌理给人以不同地域的乡村景观印象。强化地域文化肌理是乡村景观设计中重要的内容，地域文化肌理成为营造视觉气氛的重要内容（图4-2-21）。

图4-2-21　古厝墙肌理

我国乡村民居有多种砌筑方式，砌和筑的图案元素构成了乡土景观重要的元素，体现出文化的差异性特点，传递着乡村传统建筑文化的建构精神。除了常见的土砖、夯土板墙（泥墙）外，还有如潮汕地区的"金包银"，西南地区为省料省时的"空斗砖"墙、浙江乡村墙体"横人字纹"砌筑图案和王澍在中国美院象山校区使用的"瓦爿"砌筑技术，闽南古厝墙的墙石混砌，浙江古典园林里的地面铺装纹理，徽派建筑的木雕等，此类乡土肌理经历史和时间的沉淀调和而成，每一块墙、抹灰、小小的苔藓都有岁月的痕迹且不可复制，应该封存下来，加固和修补，延续在新的乡村景观设计之中，成为乡村景观的记忆和再生肌理。

（3）重塑五感景观肌理

五感景观是通过视觉、听觉、嗅觉、触觉、味觉五种感官来体验。由于人的信息约80%源自视觉，一般所说的景观体验首先考虑的是视觉设计。乡村视觉景观的形态反映在空间的色彩组合上，直接唤起观者的情感体验，具有独特的表意功能。

德国美学大师格罗塞（Ernst Grosse）在《艺术的起源》一书中认为："色彩是视觉的第一要素，在人类的视觉体验中，一些带有符号性的色彩形成首要的语言感知——印象。"乡村景观色彩基调主要靠建筑材料及植物本身的颜色和质感来表现朴素的乡村自然之美。我国的乡村由于地域上的差异，呈现出丰富多彩的景观色调。乡村景观区别于城市景观，在颜色搭配上力求体现地域的特色，反映文化肌理。乡村景观视觉色彩分为主色调、辅色调、点缀色，反映在景观中包括周边环境色、农业生产色、建筑颜色、屋顶色，甚至包括人的服装色彩等。主色调应控制在75%左右，形成乡村景观的主体色彩，辅色调作为主色调的协调色，营造色彩层次。点缀色是主色调的对比色，在色相、明度和面积上都和主色调形成一定的对比关系。乡村景观的色彩设计应遵循地域条件，结合中国特色和地方条件进行设计。位于四川甘孜州东北部的色达县建筑密密麻麻地靠山而建，漫山壮观的红房寺院，呈现出一片藏红色的世界（图4-2-22）。北非摩洛哥最浪漫的粉蓝色之城——舍夫沙万（Chefchaouen）的房子

图4-2-22 藏红色之城色达

图4-2-23   摩洛哥粉蓝色之城舍夫沙万

都被刷成深浅不一的蓝色调，间隔点缀着浅浅的粉色调，人们在街道上穿着五颜六色的衣服，融合地中海、安达卢西亚和摩洛哥等文化特色，展现出独特的风光（图4-2-23）。

听觉是声音刺激听觉器官产生的人的第二感觉，辅助和强化观看者的感官体验，传达对象的内在含义。乡村声景是借助自然之声，如风、雨、水、虫及鸟声，营造一种特定的环境氛围，辅助视觉色彩强化主题气氛，达到升华心灵的作用。南朝梁·王籍在《入若耶溪》写道："蝉噪林逾静，鸟鸣山更幽。"意为山林里沉寂无声，此时夏蝉高唱与鸟鸣声声对比出山的宁静和清幽，独特的听觉描述，展现出山里空寂的无限空间，升华出独特的文人意境。乡村景观设计中不能忽略声音的营造，相比于城市喧闹和乏味声音，乡村有着自己的声音，构成了独特的声音景观。"明月别枝惊鹊，清风半夜鸣蝉。稻花香里说丰年，听取蛙声一片"，辛弃疾《西江月·夜行黄沙道中》描绘出一个宁静丰富的乡村夏夜景观，明月惊鹊，群蝉吟唱，蛙声一片，村民也加入其中展望着丰收的到来，这些声音景观成为乡村景观里重要的符号，深深印在每个人的乡愁记忆之中。南宋诗人范成大在《四时田园杂兴》中写道："桃奇满村春似锦，踏歌椎鼓过清明。"这是乡村清明节庆的声音。逢年过节，传统乡村里鞭炮声声，老少出门互相拜年的喜气之声都体现在这节庆的声景之中。

声音是乡村的时钟，从鸡鸣开始到熄灯窗口睡语的停止，标识着日常生活的开始和结束。"雨打芭蕉""万壑松风""狗吠深巷中，鸡鸣桑树颠"，没有了这样的乡村声音，乡村也会失去生趣，有诗意的田园景观，就有纯净美好的乡村之音。始于1600年的日本佐贺有田町的伊万里陶瓷，以高雅的风格被人熟知，此后逐渐形成了被称为"有田千轩"的街道，并被选为日本国家"重要传统性建筑物群保护地区"，每年的4月29日～5月5日会举办有田陶器集市，超过100万名顾客到访，进入有田町立即能感受到独特制作瓷器的声音，陶瓷风铃在风中产生清脆的声音景观（图4-2-24）。

在触觉方面，通过耕种、采摘可亲身感受乡村生产、生活气息，增加农业知识和辨别能力。不同的枝叶、果实、种子带来不同的触觉感知，在乡村景观设计中，适当增加一些体验式的空间是非常必要的。

品尝体验集中在味觉感受上，去乡村的期待正是希望得到不一样味觉收获。在春季可采摘樱桃、杨梅，夏季有蜜桃、西瓜，秋季有枣、梨、冬季有花生、红薯。

图4-2-24 日本有田町的陶瓷声景

放养的家禽、柴火味道的腊肉、鲜美的河鱼，这些都是人们期待的乡村味道。乡村味道是乡村旅游景观中重要的组成部分，味觉中飘满了悠悠乡愁。各个地区有着数不清的非物质文化遗产，其中很大一部分就是传统美食。

乡村的嗅觉不仅仅是芳香植物分泌出来的香味，还有来自乡村生活的稻香、麦香、果香、炊烟、节日的鞭炮味以及榨油的味道，甚至还有被人嫌弃的粪便味，也都形成了深深的乡村嗅觉记忆。乡村景观中的嗅觉设计不可忽视，置身乡村之中，嗅觉将调节人的神经系统、促进血液循环。同时，也应该避免和乡村不匹配的设计，尤其是来自工厂里机械的味道和香味过于浓郁的植物在嗅觉上的干扰作用。人们对景观的感受是多方面、全方位的，乡村景观的五感设计能全方位作用于感知设计之中，加强景观的层次感以及代入感，给人们带来一种系统、全面的体验和感受。

（4）传承艺术肌理

梁思成认为："艺术之始，雕塑为先，盖在先民穴居野外之时，必先凿石为器，以谋生存；其后既有居室，乃作绘事，故雕塑之术，实始于石器时代，艺术之最古者也。"传统艺术肌理体现在文化艺术上多在乡村建筑结构、纹样、雕塑、拴马桩、牌坊、柱础等方面展现。乡村设计中可利用传统艺术品如拴马桩、石敢当、蓄水石缸、磨盘、柱础、槛石、门枕石等石材雕塑艺术作为记忆符号展现。以拴马桩为代表的石制符号成为传统很好的展示品。拴马桩起初主要用来拴马等牲畜，逐渐发展成为住宅建筑的重要元素，被广泛使用。中国传统建筑、工艺方面重木轻石，即使存留下来的石器雕塑也带有木刻的技艺痕迹，区别于西方的传统营造。制作艺术精湛的木制雕饰艺术，如门簪、斗拱、门罩、雀替在乡村景观设计中往往在建筑的传统肌理符号展现上起到重要的作用，能够营造出生动的场所效果。

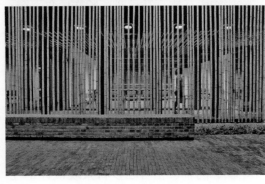

图4-2-25　昆山西浜村昆曲学社

传统艺术肌理还包括利用传统耕作生产器物装饰乡村景观设计，一般以叙事性的方式将实物布置在空间中，唤起人们的记忆，这些生产器物大多在当前没有实际的功用。

利用乡村的传统艺术振兴乡村是一个比较可行的操作模式，在国内外已经取得了良好的效果，一般这类乡村已经出现衰落，利用传统艺术肌理结合现代功能可以激活它。昆山西浜村昆曲学社旨在保持这份乡村文化记忆，在衰落的乡间建造一间"昆曲学社"，来重构西浜村传统昆曲文化氛围，凝聚村民并复兴乡村。项目选择村口4套已经坍塌的农院，通过修补乡村肌理，重建或改建4套院子，并植入昆曲文化在乡村之中。设计将所有院落的墙接在一起，曲折蜿蜒，高低起伏变化，粉墙和竹墙形成梅兰竹菊四院。进入村口寻声而来，学社中空间丰富、光影交错，闻声而不见人，以展现昆曲的肌理特色（图4-2-25）。

（5）建立新乡村景观肌理

自然环境造就了生活方式，生活方式决定了乡村景观的面貌。南宋诗人翁卷在《乡村四月》里写道："绿遍山原白满川，子规声里雨如烟。乡村四月闲人少，才了蚕桑又插田。"描绘出农历四月到来，乡村人刚刚结束了蚕桑之事又要忙于插秧，乡村大地一片欣欣向荣的景象。乡村景观来自于生产生活一体的乡村生活形态，生产生活方式是一些地区产业发展过程中产生的大量历史信息和人们的共同记忆。在乡村景观营造过程中，提取原有符号的方式可遵循原有产业历史发生的脉络，根据其特征，延续或保存地区产业的价值。新的乡村景观肌理的建立不能孤立于乡村生活而建立。在全国大力发展乡村旅游的热潮中，我们也要呼吁未来乡村的自然生长景观肌理的建立，并不是旅游就代表了乡村的一切，有的时候往往是一种急功近利的表现，

图4-2-26 旅游引导下的侗寨景观

有碍于乡村文化的延续和重塑，不利于乡村的长期发展。乡村的未来不是城市化，也不应该简单成为城市人的休闲地，笔者在贵州肇兴侗族看到被建成旅游景区后的侗族聚落里，一边是旅游的酒店和餐厅，一边是过往的周边侗寨村民，此时旅游和村民还保持着一定的边界，但村寨的未来应该具有"造血"功能，无论从文化上还是生产上都是具有自身特色的永续发展过程，城乡之间也存在着连接关系（图4-2-26）。

4.2.5 乡村植物景观设计

乡村植物营造首先要考虑区域内生态格局的完整，考虑植物的多样性，留住自然生长的植物群落。要使区域生态格局系统化，应在乡村景观植物设计中改变以往单纯种花、植树的绿化方式，从更大范围的生态角度出发，突破边界，整体考虑地区的生态安全和生产生活安全，关注气候、地理位置条件和生态链方面的关系，培育多样性植物种类聚落。秉着以生态平衡为本的景观设计理念，在物种之间尽量考虑到多样性，考虑人、动物、植物、微生物之间的需要，考虑四季生产、居住与阳光之间的关系，形成生态循环关系，维系人、土地、微生物之间的生命体系。

适地适树、经济化、差异化种植是乡村景观设计的种植原则，乡土植物具有种群的多样性和适应性的特点，能很好地表现当地的植物景观特色、整体乡村景观形象，提高景观辨识度。本土植物在当地经过千百年来的验证，适合当地的环境生长，既可以保持良好的生长，也可减少维护成本。国内景观行业曾一度出现一些地方将椰子树、老人葵、银海枣等南方热带树种移种在北方寒冷地区，不仅增加了运输和维护成本，还造成寒冬来临时大批树种难以生存的状况。

　　乡村植物城市化的问题近年来也屡屡发生，尤其是大片草坪的种植带来的是维护成本的增加，视觉上也完全背离了乡村的气质。乡土的原生植被形成了乡村独特的视觉特征，比如在桂林漓江乡间，摇曳生姿的凤尾竹生长在漓江沿岸，与山的倒影相映成趣，很好地表现了桂林山水特色（图4-2-27）。中国传统文化中对植物栽植非常讲究，清代高见南所著的《相宅经纂》中记载有"东种桃柳，西种栀榆，南种梅枣，北种奈杏"。苏南农村以枫香、油桐、栀子、白檀、六月雪的配植模式构成了独特的乡村植物景观。南方农村在秋冬季，为了肥土在田里撒一些红花草籽，入春后田里一片翠绿，缀满红花，给初春的乡村带来了希望的色彩，形成农田花海景观。

图4-2-27　漓江凤尾竹

图4-2-28　野草回家理念下的朱家林生态艺术社区

　　种植方式上，应以大型乡土乔木构建乡村景观骨架，尤其是已经存在的古树或成片的树林，通过整体布局、局部补种来营造整体效果，形成乡村视觉的背景景观；速生树和慢生树交替种植，以本地树种为主，将外来树种作为极少部分的补充；小型木本、草本植物以及藓类等可作为乡间道路的植物景观，营造丰富多彩的视觉效果，如蒲苇、芒草、狼尾草、芦竹等乡土观赏草，再配以野生花卉，切勿过多使用城市灌木（图4-2-28）；岸边可种植枫杨、香樟、水杉、垂柳等乔木，选择萱草、千屈菜、鸢尾护岸，挺水植物则选用莲、水芹、慈菇、菖蒲等。在乡村入口处或转折处孤植大树作主景，可以营造提示功能；公共空间适宜种植高大落叶乔木，以满足绿化和遮阴的要求；庭院里藤蔓植物选用葫芦、丝瓜、葡萄等进行垂直绿化。由于气候潮湿，南方的树上经过会有一些自然生长的蕨类植物寄生，设计师可根据这样的特点进行模仿设计，展现南方独有的景观。

4.2.6 发展乡村文创

乡村文创是在传统的乡村文化肌理上，通过跨界创意与组合，重新塑造乡村生活的审美体验，它创造着乡村未来生活的新趋势。创意包含各类文化和艺术的探索和创造。当下文化创意活动正尝试在乡村景观方面进行改造，这给中国乡村的发展带来一个全新而独特的发展方向。

比较纯粹的文创是来自策展人邀约国内外的艺术家、建筑师、设计师等，结合土地开发、历史建筑保护和特色旅游等方式，将古村落与现代艺术结合，积极探索乡土文化未来的突破和创新，这也是对乡村生活方式的一种新的审美体验。2011年安徽省黟县碧山村艺术下乡项目"碧山计划"就是此类乡村文创。"碧山计划"试图通过艺术的方式改变碧山，重塑乡村生态。开书店、开艺术展、办丰年祭是"碧山计划"乡村乌托邦的三个发展方向（图4-2-29）。

中国首个乡村文创园——莫干山庾村1932文创园于2013年开园，是以市场投资、乡村再造为梦想的文化市集，包含了文化展示、艺术公园、乡村教育培训、餐饮配套、艺术酒店等文创内容。北京市怀柔区雁栖镇智慧谷篱苑书屋、福州市永泰县月溪花渡乡村图书馆和福建省漳州市平和县崎岭镇下石村桥上书屋等，试图通过乡村公益图书馆项目，推动村民去适应，挖掘其创造性，以地域特性设计来激活乡村。乡村文创项目从运营效果来看表现得不是很理想，投奔商业地产开发成了最终的归宿，艺术正在在乡村的振兴中慢慢变得不够纯粹，商业成为最终的赢家。当前很多乡村也在营造文创气氛，试图借此来拉动乡村旅游发展，重实利的倾向还是现在的主

图4-2-29 碧山计划

要推动力，也许在未来有真正的乡村艺术文创产生并持续发展下去。

4.2.7　以村民参与为主体

乡村的主人是村民。乡村景观建设是把当地村民的力量充分调动起来，激发每个人的创造力和主动性，使其亲自参与村庄建设之中。村民在物质条件改善之后，眼界开阔，接受了新的事物，审美意识也逐渐发生了变化。村民参与是乡村建设的核心问题。当前的乡村建设以政府为主导，而其对实际情况了解不充分，往往导致某些地方政府为了保护传统建筑原貌，划分出保护等级，禁止对建筑擅自拆除和改建。这从表面上看是保护，但深入了解会发现村民对此颇多微词，实施效果不尽如人意。政府拨付的费用不足以维护昂贵的维修费用。旧宅里的居住空间狭小、室内阴冷、设施陈旧，不能满足现代生活的需要。在乡村，孩子长大成婚时，旧宅如果不进行扩建，很难满足空间使用的需求，导致年轻人选择去外面建房或搬到城镇中。这些问题在我国的传统村落中非常普遍。使村民成为主体，参与村庄建设，听取更多的声音，可避免使用者与设计师之间的矛盾，真正落实乡村建设为村民的本质目标。

乡村景观方案初步方案制作好以后，应现场听取专家和村民的意见，对反馈的意见作答，在统一认识之后对方案进行调整。反复征得意见是方案获得认可的必然要求，但在听取和整理过程中，设计者也要对意见进行整理判断，不能完全被牵着鼻子走。方案确定后，再进行深入设计，反复推敲和论证，方能制作最终的设计文件。始终以村民为主体，依托地域特征，明确设计目标，在产业经济的基础上，推进乡村文化发展，才能建设出适宜的乡村景观。

4.3　乡村旅游开发与景观设计

现代乡村旅游源于欧洲19世纪中叶，农场主将自己的庄园进行规划设计，提供给旅游者一些游览体验项目，如骑马、登山、徒步、农业生产体验等。1994年欧盟和世界经济合作与发展组织定义乡村旅游是"发生在乡村的旅游活动"。在我国，物质生活的提高带来了乡村旅游的发展契机。中国的乡村旅游发展集中在近20年。中国人多地少，相比城市，乡村的土地优势得天独厚，乡村旅游兴盛带来了巨大的经济商机。

尽管近几年我国乡村旅游发展迅速，相比国外，我们乡村旅游起步较晚，对应的乡村旅游景观没有得到充分的发展。出现的问题表现在：乡村自然景观单调，在旅游区域没有呈现出游客期待的乡村景观；一些乡村投资巨大，打造豪华乡村旅游，导致其失去了乡土原来的味道；在乡村旅游景观中，一些假借文化、东拉西扯打造的文化景观，粗制滥造，且亵渎文化，传播低俗的价值取向。

2006年国家旅游局在成都全国首届乡村旅游会上将乡村旅游划分为十种类型，包括：①乡村度假休闲型（"农家乐"型）；②依托景区发展型；③生态环境示范型；④旅游城镇建设型；⑤原生态文化村寨型；⑥民族风情依托型；⑦特色产业带动型；⑧现代农村展示型；⑨农业观光开发型；⑩红色旅游结合型。我国的乡村旅游正呈现出多元的发展方向，在旅游导向下乡村景观更加注重设计创意，注重乡村个性与特色的挖掘和展示，彰显独特的乡土文化和手工技艺，积极导入文创内容，构建乡村美学空间。

4.3.1 旅游资源调查与评价

旅游资源调查应系统地收集、记录、整理、分析和总结旅游资源及其相关因素的信息与资料，以确定某一区域旅游资源的存量状况，并为旅游经营、管理、规划、开发和决策提供客观科学依据。调查方法包括资料搜集分析法、野外综合考查法、现代科技分析法、询问调查法、观察调查法、分类分区法等。资源对于乡村旅游来说，关键是找到差异点，杜绝产生景观建设趋同的情况。当前部分乡村旅游景观出现"千村一面"的情况，商业化、城市化氛围和人造景观随处可见，失去了乡村地域特色，而深入挖掘当地的乡土特色景观，展现不同乡村的个性景观，更加需要细致的前期调查工作，整理和总结资源情况，发掘其中内涵，从乡村旅游景观设计里体现出场所历史、延续场所文脉。

评价指旅游条件强弱危机分析（SWOT），意为优势（Strengths）、劣势（Weaknesses）、竞争市场上的机会（Opportunities）、威胁（Threats）。在设计中应深入了解周边市场的情况，发现自身的优劣情况，制定设计战略目标。这部分是今后设计的依据，重要性不言而喻。今后设计的内容大多基于这个目标展开。

4.3.2 主题设计

当前，我国乡村景观旅游发展中出现的一些问题，可以归因为缺乏主题性设计，设计定位趋同，失去个性的营造。一些乡村为了追求利益过于注重游客的需要，出现水泥道路、大型停车场、修剪漂亮的绿化植物、新式的住宿条件，使乡村景观失去了原有的地域特色，也丢失了原有的乡土气息，乡土文化的保护和传承渐渐让位于对经济的追求，最终落入俗套，失去吸引力。主题设计不仅仅是有一个吸引人的主题，还需要有完善的规划设计。有的时候一个主题刚刚出现，马上出现很多模仿者，水平良莠不齐，大量重复建设带来资金的极大浪费。乡村景观应借助独特的资源优势进行定位，进而在乡村旅游产品中体现出来。

图4-3-1　双螺旋竹桥

乡村主题设计和日本的"一村一品"、中国台湾的休闲农业有异曲同工之处。2016年9月28日，浙江省龙泉市宝溪乡溪头村以"竹"为载体的"国际竹建筑双年展"正式开幕。展览通过艺术介入，以建筑艺术的形式构筑中国乡村可持续发展的路径。"竹+建筑艺术"的主题成为激活乡村的一种文化选择（图4-3-1）。贵州黔东南州黎平县尚重镇洋洞村的牛耕部落，为发展乡村旅游寻求活化古村落，依托侗族民族文化，借几乎消失的牛耕文化，逆机械化，反其道而行之，建立生态田园综合体，形成了以牛耕为核心的稻鱼鸭共育方式。当地良好的生态自然环境、保持完整的牛耕生产方式吸引了国内外大批游客到来体验感受，在牛耕主题下，部落里举办千牛同耕活动项目，还原乡村晾晒、加工的景观场景，并衍生出具有文创特征的农业产品（图4-3-2）。成都郊外的三圣乡红砂村定位的主题为"中国花木之乡"，赏花和休闲为其旅游体验目标，并推出"五朵金花"的旅游品牌。除了依托地域特色主题振兴乡村的案例外，还可以利用互联网平台将闲置和分散的农宅信息资源进行优化配置，共同开发乡村资源。2016年北京万鸿信息服务有限公司推出一款农庄产品——专注服务于环北京一小时经济圈内的共享农庄平台，其内部包括农业生产、度假养老和旅游休闲等内容。平台搭建乡村主题，以高效可行的方式吸引更多乡村共筹共享项目——共享果园、共享菜园、共享民宿等渐渐呈现燎原之势。

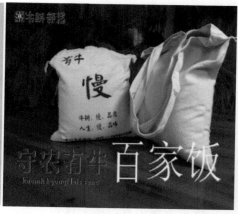

图4-3-2　牛耕部落的衍生农产品

4.3.3　期望景观

旅游者来到农村最期望看到什么？乡村之美体现在田园诗意、野趣的风景以及一幅幅自然温馨的乡村生活画面。不同年代有着不同的生活环境，南北方的地域环境也给人们带来了不同的生活经历，但由于人们的文化教育背景相似，因而对于乡村的期望景观就是存在于差异中的共同期待——春天来到繁花似锦的田间采摘荠菜，山里的菌菇也慢慢长出，小姑娘提着篮子去碰运气；夏季把西瓜放进井水里，不久就能吃上冰爽的西瓜，少年们在河里比试各自的水中技巧，水花翻滚在嬉笑之间，还可以鱼塘里浑水摸鱼、上树抓鸟；秋天是丰收的季节，有着吃不完的水果和美丽的风景，放学回家的孩子在秋高气爽的季节里欢快地歌唱；冬季里，大雪过后打雪仗，在牛粪上点上鞭炮，挂灯笼迎接新年，空气里都是喜庆的味道。

旅游者抱着寻找、发现、体验富有特色的旅游产品的心理来到乡村，而期待就是基于旅游者的文化背景和想象力产生的心理行为。乡村的吸引力就在于给了旅游者内心强烈的期待景观继而使其产生归属感。深藏黄山的古村落——塔川的"塔川秋色"被被誉为"中国四大秋色"之一。每到秋季，塔川满山的红叶让方圆十里的乡间田野层林尽染，美不胜收，如画的美景满足了游人对乡村景观的所有幻想，好一幅迷人的桃花源景致（图4-3-3）。

图4-3-3　塔川秋色

4.3.4　差异化定位

乡村旅游的差异化体现在两个方面，一是与城市之间的差异化，乡村诞生的目的在于生产农产品，城市诞生的目的在于交换，人们之所以来到乡村旅游就是要感受区别于城市的风景，所以在设计乡村景观的时候考虑到旅游者的主体来自城市，在设计中应更多地体现乡村的地域特点，将"土"味发扬光大。二是乡村与乡村之间的差异，要避免恶性竞争，树立独特的竞争优势，试想如果相互之间没有差异的话，必然导致村与村之间为吸引游客恶性竞争，带来的是低质量的旅游体验。旅游归根结底还是要提供差异化产品供旅游者选择，保持地方本色、体现差异的乡村旅游才有活力。旅游者来到乡村期待看到的是个性鲜明、形象独特的乡村旅游景观，在旅游规划里称为补缺策略。补缺策略是在区域内众多旅游景观产品中分析已有的旅游景观形象，发现和创造与众不同的主题形象，对乡村旅游资源进行补缺定位，创造有新特征的产品。对自身和周边竞争者特征和定位的了解，可避免产生同质化的竞争业态，开发自身资源优势，形成差异化定位。差异化反映在体验乡村文化、品尝特色美食和对乡村景观的感受上，同时要对人群的消费能力和审美趣味进行准确的定位分析。

深藏在江西婺源山中的篁岭以晒秋闻名。入村要靠乘20分钟的索道，古老的徽派民居在百米落差的岭谷错落排布，村里没有广告牌，也没有喧闹的声音，一切都显得很安宁。每到秋季辣椒丰收时，家家户户支匾晒椒的农俗景观成为篁岭独特的景观（图4-3-4）。乌镇横港国际艺术村是中国首个儿童友好型的艺术乡村，定位在亲子＋乡村艺术，将乡村打造成为一个以艺术为媒介，拥有国际化乡村教育

图4-3-4　江西婺源篁岭晒秋

图4-3-5　乌镇横港国际艺术村

的综合体。乌镇横港国际艺术村选择差异化的定位，形成一个开放艺术社区，通过一系列策划定位，让乡村、原居民、孩子、艺术家共同生活、互相影响（图4-3-5）。

4.3.5　情节互动体验

情节互动是指在挖掘当地文化基础上，按一定的故事手法组织乡村景观序列，围绕着一定的主题内容开展参与性的景观游览活动，提高参与者的认识水平，强化人与人之间的交流。情节互动体验的主要内容包括：①地域性的差异；②固定性和变化性的内容；③参与性和过程感。除了选用地方的建造技术、建造手法、植物展现地方的文化特点，形成具有差异化的乡村景观外，还应在旅游项目、文化产品上更多地考虑旅游者的内心期望，避免旅游产品千篇一律，体现不出地方特色。

情节互动体验的节目应安排固定性和变化性的内容。固定的节目属于常规性的保留节目，给予旅游者可以预期的内容。变化性的内容指管理者在节目安排上不断调整和更新，吸引回头客，让预期有更多的想象空间。可多利用一些传统的节庆来带动互动体验，如壮族三月三、侗族的冬至节等。

设计中应融入当地风土人情、民风民俗等方面的内容，在线路设计上以符号的形式提取并加以组合重构，使得游览环境丰富多彩，让旅游者不自觉之中参与进当地文化之中（图4-3-6）。对旅游者而言，乡村旅游不是走马观花，应该深入乡村去体验与城市不一样的感受，把节奏放慢，一点点感知，所以在旅游设计中应把握好线路的节奏，把大块的时间留给体验性较强的项目，让游客慢慢品味。

农事体验是感受乡村气息的重要载体，是身体、意识和环境连续而一致的反应过程。过去传统的乡村集体劳作，以家庭为单位的小农经济在农忙季节出现的场景"田夫抛秧田妇接，大儿拔秧小儿插"，与人们的生活息息相关，更加真实和具有功能性，是一门人与自然相互协调的生存哲学。在乡村旅游设计中，利用农业生产、生活、节庆引旅游者参与其中，会带来全方位的游览体验。

图4-3-6 桂林漓水人家传统榨油体验

日本著名杂货品牌无印良品（MUJI）在东京的郊区千叶县鸭川市西部，与当地的农场合作开了一间名为"大家的村庄"的全新店铺，这里可以买到最新鲜的农产品，承担着当地美食餐厅和体验课程的多种需要，而且游客可以亲自下地体验农活。这家以本地的农产品销售为主的店铺里提供本地食材的一日三餐，而农场的农活体验也不同于中国常见的好奇式的采摘体验活动，这里的体验需要提前预约并收取费用，人们会真正参与农业生产活动，而现场制作寿司等活动拉近了人与人、人与自然之间的联系（图4-3-7）。

图4-3-7 无印良品的农活体验店铺

4.3.6　夜间旅游

传统的白天游览已经不能满足游客的需要，延长旅游时间提高游客的乡村深入体验成为未来乡村旅游发展的趋势。按照人的情绪特征，夜间旅游更容易激发人的情绪体验。当前，国内夜间游览多以文化为主题，加入新媒体等艺术装置，增加互动性，引导夜间游览活动，形成区别于白天的游玩路线和节目。阳朔在国内首创大型山水演艺活动《印象·刘三姐》，之后国内涌现出不同类型的印象系列，将灯光艺术融入自然山水，带来了全新的乡村旅游体验。

夜间旅游产品抓住了夜间消费人群的体验需求，经过布景和项目的组合，串入乡村地方元素，通过声、光、电等技术，营造乡村独特的夜间景观，带给游客不一样的互动体验，增加目的地的吸引力，带来更多的商业价值。乡村夜间旅游一般分为放松体验型、舞台剧情型和探险体验型。夜游景观的设计原则是本土风格统一和互动体验结合，照明的灯光设备不宜影响白天的景观效果，利用各类光源显色性的特点，突出表现重点照明的色彩。夜游灯光除了满足基本的照明需要外，还要考虑对于重要节点的重点照明，以突出乡村的地域特色。整体照明应以线和面的布局展开，局部空间点缀点状布局照明。照明灯光应尽可能遮挡，避免直射眼睛，投射灯具可安装在建筑结构之内或者利用植被遮挡。乡村夜间灯光设计换一种方式便成就了一番新的乡村风貌，在夜游中布置一些互动的灯光装置更能加深人们的夜游印象，带来不一样的游览体验（图4-3-8）。

图4-3-8　古村夜游

后 记

最初着手于写本书源于在教学工作之余，笔者有幸参与设计一些乡村景观设计的实践项目。在十余年的设计过程中，笔者惊喜地发现，乡村的美丽在这个时代被重新发现，乡村也在寻找新的发展可能性。毋庸置疑，经过短短三十余年的经济发展，中国的变化有目共睹，同时古老的乡村文化和景观也在加速地消亡，城镇化的快速进程正在史无前例地重塑乡村文化和景观风貌。

面对这样的情况，在本书写作中，笔者重点通过乡村景观概述，乡村景观设计理念，当前乡村景观的问题、应对策略及其意义，乡村景观设计方法和操作流程来展开论述。

乡村景观设计从一个侧面反映了今后乡村发展的趋势和方向，作为设计者，我们有责任对乡土特色进行有效的保护，肩负起乡村生态和文化延续的重任。中国自古以来就是一个农业大国，乡村景观设计既是村民生活方式和生产方式的具体体现，更是一种文化民俗的传承，在历史沿革过程中产生了丰富的民俗传统文化，这些都是我们重要的文化遗产，构建了我们的精神家园。展望未来，我们更要心存敬畏，不断探索符合中国国情的乡村景观的保护与发展之路。

本人才疏学浅，斗胆写完本书，在写作中自觉书中的一些内容和观点还存在不足之处，在此真诚希望敬爱的读者能够提出宝贵的意见，笔者将不胜感激。书中部分图片来自于互联网，其版权归原创者所有，如有版权异议敬请联系告知。

在本书出版之际，首先要感谢桂林理工大学，给予笔者良好的工作环境和学术氛围，其次要感谢我的家人多年来的默默支持，没有你们不会有本书的出版。

黄 铮

2018 年 10 月于桂林

参考文献

[1] 李水山. 韩国新村运动五个阶段. 北京：中国农业出版社，1995.

[2] 肖笃宁，李秀珍. 当代景观生态学的进展和展望. 地理科学，1997，17（4）.

[3] 王玉德，邓儒伯，姚伟钧. 中国传统文化新编. 武汉：华中理工大学出版社，1996.

[4] 王立科. 现代景观设计中地域特色的创作手法初探. 安徽农业科学，2007. 35（15）.

[5] 吴良镛. 广义建筑学[M]. 北京：清华大学出版社，2011.

[6] （日）西村幸夫著. 故乡魅力俱乐部——日本十七个社区营造故事. 王惠君译. 台北：远流出版事业股份有限公司，1997.

[7] 陈威. 景观新农村观：乡村景观规划理论与方法. 北京：中国电力出版社，2007.

[8] 吴家骅. 景观生态学[M]. 中国建筑工业出版社，1998.

[9] 张建华，陈火英. 探索新农村建设背景下的乡村景观建设. 建筑时报，2006(10).

[10] 俞孔坚，李迪华，韩西丽，栾博等. 新农村建设规划与城市扩张的景观安全格局途径——以马岗村为例. 城市规划学刊，2006（05）.

[11] （美）约翰·西蒙兹著. 景观设计学：场地规划与设计手册. 俞孔坚等译. 北京：中国建筑工业出版社，2000.

[12] 俞孔坚，王志芳，黄国平. 论乡土景观及其对现代景观设计的意义. 华中建筑，2005（4）.